水果产业·农民培训精品教材

南方果树
病虫害绿色防控与诊断

原色生态图谱

种出优质水果
轻松识别病虫
既学到知识
又掌握技术
致富好帮手

陈立群　钟建龙　■　主编

U0306311

中国农业科学技术出版社

图书在版编目（CIP）数据

南方果树病虫害绿色防控与诊断原色生态图谱／陈立群，钟建龙
主编 . —北京：中国农业科学技术出版社，2018.6
ISBN 978-7-5116-3714-7

Ⅰ.①南…　Ⅱ.①陈…②钟…　Ⅲ.①果树–病虫害防治–图谱
Ⅳ.①S436.6-64

中国版本图书馆 CIP 数据核字（2018）第 111338 号

责任编辑　崔改泵
责任校对　马广洋

出 版 者　中国农业科学技术出版社
　　　　　　北京市中关村南大街 12 号　邮编：100081
电　　话　（010）82109194（编辑室）　（010）82109702（发行部）
　　　　　　（010）82109709（读者服务部）
传　　真　（010）82106650
网　　址　http://www.castp.cn
经 销 者　各地新华书店
印 刷 者　北京富泰印刷有限责任公司
开　　本　880 mm×1 230 mm　1/32
印　　张　6.125
字　　数　160 千字
版　　次　2018 年 6 月第 1 版　2018 年 11 月第 2 次印刷
定　　价　59.80 元

《南方果树病虫害绿色防控与诊断原色生态图谱》

编 委 会

主 编 陈立群 钟建龙

副主编 罗登兴 赵兴建

编 委 赖龙英 刘文华 岑文展

前　言

我国南方一般泛指长江以南，由于境内受山川屏障和河泊交错的影响，构成了多样的立体地貌类型，形成了多样的气候资源和生物资源，极为适宜热带、亚热带和温带三个气候区多种多样的果树生产，同时有利于病虫害的猖獗。

本书以南方地区常见果树为重点，对数十种经济类果树的主要病虫害防治作了详细的介绍并配有清晰的原色图片。内容包括：果树病虫害绿色防控技术、南方果树病害、南方果树虫害三部分等。

本书具有技术先进、重点突出、形象直观、通俗易懂、可操作性强的特点，可供果树生产者阅读和参考。

如有疏漏之处，敬请广大读者批评指正。

编　者

目　　录

第一章　果树病虫害绿色防控技术

第一节　果树病害绿色防控技术

一、苗期病害

（一）立枯病

1. 症状识别

发病初期，幼苗茎基部产生椭圆形，暗褐色病斑，病株停止生长，叶片失水，萎蔫下垂。以后病斑绕茎一周扩展、缢缩、干枯，根部变黑直立枯死。潮湿条件下，病部有褐色菌丝体和土粒状菌核。

幼苗立枯病

2. 病原

立枯丝核菌*Rhizoctonia solani* Kühn，属半知菌亚门、丝核菌属真菌。

3. 发病特点

以菌核在土壤中和病残体上越冬。病菌在土壤中能够长期存活，在适宜的环境条件下，从伤口或表皮直接侵入为害。病菌可借雨水、农具等传播。苗床高湿，播种过密，光照不足，通风条件差，均有利于发病。

4. 防控技术

（1）选择土质疏松、排水良好的地段种植。

（2）实行轮作，合理密植。

（3）盆栽植株，雨后要排出盆中积水。

（4）定植后每隔 10d 喷施 1 次 50% 甲基硫菌灵可湿性粉剂 800 倍液，或用 50% 福美双可湿性粉剂 500 倍液，或用 70% 代森锰锌可湿性粉剂 600~800 倍液防控。

（二）猝倒病

1. 症状识别

幼苗猝倒病

发病初期幼苗茎基部呈水渍状斑，后逐渐变为淡褐色，并凹陷缢缩。病斑迅速绕茎基部一周，幼苗倒伏，幼叶依然保持绿色。最后病苗腐烂或干枯。当土壤湿度较高时，病苗及附近土表常有白色絮状物出现，即菌丝体。

2. 病原

由多种真菌引起，其中最主要的是瓜果腐霉菌 *Pythium aphanidermatum* （Eds.）Fitzp.，属鞭毛菌亚门、腐霉属。病菌腐生性较强，能在土壤中长期存活。

3. 发病特点

病菌以卵孢子在土壤或病残体上越冬。在适宜的环境条件下，卵孢子萌发，产生孢子囊或游动孢子，借气流、灌溉水和雨水传播，也可由带菌的播种土和种子传播，引起幼苗发病和蔓延。育苗土湿度大、播种过密，有利于猝倒病的发生。连作或重复使用病土，发病严重。

4. 防控技术

（1）选择排水较好、通风透光的地段育苗。

（2）苗期要控制浇水量，土壤不宜过湿，播种不宜过密。

（3）病害严重的地区，避免连作，或播种前对土壤进行消毒，使用50%多菌灵可湿性粉剂，或用50%福美双可湿性粉剂600~1 000倍喷施，用塑料布覆盖7d左右，1周后方可播种。

（4）发病初期，使用25%甲霜灵可湿性粉剂800倍液，或用40%乙磷胁可湿性粉剂200~400倍液，或用75%百菌清可湿性粉剂600倍液喷雾。

二、根部病害

（一）根癌病

1. 症状识别

主要发生于植株主干基部，有时也发生于根颈或侧根上。发病初期病部产生乳白色或肉色肿瘤，逐渐变成褐色或深褐色，圆球形，表面粗糙，凹凸不平，有龟裂。根系发育不良，细根极少，地上部生长缓慢，树势衰弱，严重时叶片黄化、早落，甚至全株枯死。

根癌病

2. 病原

根癌土壤杆菌 *Agrobacterium tumefacins* (Smith et Towns) Conn.，属细菌界，薄壁菌门、土壤杆菌属细菌。

3. 发病特点

病菌在寄主癌瘤组织皮层内和土壤中越冬。病菌可随癌瘤组织在土壤中存活几个月到1年左右。病菌通过伤口侵入寄主，侵入后刺激细胞加速分裂，产生大量分生组织，从而形成癌瘤。苗木带菌是病害远距离传播的重要途径。呈碱性而潮湿的土壤，伤口多的寄主，发病严重。

4. 防控技术

（1）严格检疫，有肿瘤的苗木必须集中销毁。

（2）苗木栽种前用1%硫酸铜液浸5min，用水洗净后栽植。

（3）挖除病根后，周围的土壤用硫磺粉 50~100g/m² 消毒。

（4）苗圃应设在无根癌病的地区，如病区可实行 2 年以上轮作。

（二）根结线虫病

果树根结线虫病种类很多，常危害果树根部及球茎等，导致地上部生长发育不良，叶片发黄，严重时可造成全株萎蔫枯死。

1. 症状识别

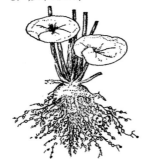

根结线虫病

线虫为害根部，在幼根上产生许多小根结，长大后似绿豆大小，近圆形，上生有细根毛。地上部长势衰弱，新生叶片尖、缘皱缩，呈黄白色，后渐变枯黄，提早落叶，严重者全株死亡。

2. 病原

有北方根结线虫 *Meloidogyne hapla* Chitwood、南方根结线虫 *Meloidogyne incognita*（Kofoid et White）Chitwood 等。属动物界，线虫门，根结线虫属。可为害多种蔬菜、果树及观赏果树。

3. 发病特点

以卵和幼虫在根结和土壤中越冬。翌年春天，土壤中幼虫开始侵染新的须根，并借土壤、灌溉水等不断传播、繁殖、危害。

4. 防控技术

（1）加强检疫，勿栽植带线虫的苗木。

（2）发现病根及时处理，在病株周围穴施或沟施98%棉隆微粒剂30～40g/m²，或施用10%福气多颗粒剂2kg/667m²，或用1.8%阿维菌素乳油2 500倍液灌根，用药后盖土。

（3）实行轮作，及时清除紫花地丁等野生寄主，减少病源。

（三）白纹羽病

1. 症状识别

主要为害果树根部和根颈部。发病初期，病部皮层组织松软，出现近圆形褐色病斑。以后病部呈水渍状腐烂，深达木质部，并有黄褐色汁液渗出。后期病部组织干缩纵裂，木质部枯朽，表面有白色柔嫩的根状菌索缠绕，后转变为灰褐色或棕褐色。树势衰弱，叶片自上而下变黄凋萎，枝条干枯，最后全株枯死。

树木白纹羽病

2. 病原

褐座坚壳菌 *Rosellinia necatrix*（Hart.）Berl.，属子囊菌亚门、褐座坚壳属。可为害多种果树及观赏果树。

3. 发病特点

病菌以菌核和菌索在土壤或病残体上越冬。当菌丝体接触到寄主果树时，菌丝体即从根部表面皮孔侵入。根部死亡后，菌丝穿出皮层，在表面缠结成白色或灰褐色菌索。菌索可以蔓延到根际土壤中，或铺展在树干基部土表。一般从 3 月中、下旬开始发生，6—8 月为发病盛期，10 月以后停止发生。

4. 防控技术

（1）严格实行苗木检疫制度，对可疑苗木用 1：1：100 倍波尔多液浸根 1 h，或用 1%硫酸铜液浸根 3 h，或用 2%石灰水浸根 0.5 h，浸后用清水洗净栽植。

（2）选用无菌土壤和肥料栽培。

（3）重病区应实行轮作。

（4）加强栽培管理，促使植株根系发达，生长旺盛，提高植株抗病力。

（5）轻病株应刮去病部腐烂变色的组织或切除腐朽的根并销毁，对伤面可用 70%酒精消毒，然后再涂以 5%硫酸铜。亦可在病穴内灌 70%甲基硫菌灵可湿性粉剂 1 000 倍液或用 50%代森铵水剂 400 倍液防控。对重病株应及时挖除，集中销毁，并用 20%石灰水进行土壤消毒处理。

第二节　果树害虫绿色防控技术

果树根部害虫又称地下害虫，是指生活于土壤中，主要以成、幼（若）虫为害果树的地下部分（如种子、地下茎、根等）和近地面部分的一类害虫，造成死株缺苗，是果树害虫中的一个特殊生态类群。我国已知地下害虫 320 多种，主要包括地老虎类、蝼蛄类、蛴螬类、金针虫类、蟋蟀类、地蛆类。

一、地老虎类

地老虎属鳞翅目，夜蛾科，是重要的地下害虫。地老虎的种类很多，为害果树严重的有小地老虎 *Agrotis ypsilon Rottemberg*、大地老虎 *A. tokionis* 和黄地老虎 *A. segetum* 等。其中小地老虎分布于全国各地，为害茄科、豆科、十字花科、葫芦科、百合科蔬菜、果树、花卉、苗木等100多种果树。地老虎低龄幼虫昼夜活动，取食子叶、嫩叶和嫩茎，3龄后昼伏夜出，可咬断近地面的嫩茎，造成缺苗断垄甚至毁种。

1. 形态识别

1. 成虫；2. 幼虫

小地老虎

大地老虎成虫　　　　　　　黄地老虎成虫

2. 防控技术

（1）设置灭虫灯，或糖酒醋毒液诱杀成虫。

（2）清除苗圃杂草，减少着卵量及恶化低龄幼虫食料条件。

（3）泡桐树叶诱集，或清晨于断苗周围人工捕杀幼虫。

（4）在低龄幼虫期，叶面喷施50%辛硫磷乳油1 000倍液，或用2.5%溴氰菊酯乳油3 000倍液。防控3龄后的幼虫用青草拌90%晶体敌百虫毒饵诱杀，或用50%辛硫磷乳油1 000倍液灌根。

二、蝼蛄类

蝼蛄，俗称土狗、地狗、拉拉蛄等，属直翅目，蝼蛄科。常见的有东方蝼蛄 *Gryllotalpa orientalis* Burmeister、华北蝼蛄 *G. unispina* Saussure 两种。东方蝼蛄几乎遍及全国，但以南方为多。华北蝼蛄主要分布于北方。蝼蛄食性很杂，为害菊花、一串红、翠菊等多种花卉和草坪草。以成虫、若虫在土中为害多种果树种子、幼根、幼苗、茎、块根，块茎，被害处呈乱麻状。此外，蝼蛄在表土层活动时，造成纵横隧道，拱倒幼苗，使幼苗根部与土壤分离，因失水而枯萎，造成缺苗断垄。

1. 形态识别

东方蝼蛄成虫　　　　　　　　　　　　**华北蝼蛄成虫**

2. 防控技术

（1）施用厩肥、堆肥等有机肥料要充分腐熟，减少蝼蛄产卵机会。

（2）灯光诱杀成虫。在闷热天气或雨前的夜晚在 19：00—22：00 时开灯诱杀。

（3）鲜草或鲜马粪诱杀。在苗床的步道上每隔 20 m 左右挖一小土坑，将鲜草、马粪放入坑内，次日清晨捕杀，或施药毒杀。

（4）毒饵诱杀。用炒香的麦麸、豆饼等加 90% 晶体敌百虫30 倍液拌匀，于傍晚撒施，诱杀成虫及若虫。

（5）在蝼蛄产卵盛期，挖产卵洞（洞口下 5～10 cm）捕杀卵及成虫。

（6）灌药毒杀。在受害植株根际或苗床浇灌 50% 辛硫磷乳油 1 000 倍液毒杀成虫和若虫。

三、金龟甲类（蛴螬类）

金龟甲类害虫的幼虫统称蛴螬，属鞘翅目，鳃金龟科。为害果树严重的有铜绿丽金龟 *Anomala corpulenta* Motschulsky、黑绒鳃金龟 *Serica orientalis* Motschulsky 等。金龟甲类害虫广泛分布于全国各地。成虫咬食樱花、梅花、桃花、海棠、月季、木槿、金橘、榆、刺槐、唐菖蒲、大丽花、杨、柳、柿、葡萄、桑等果树叶片，造成不规则缺刻，严重时，食尽叶片，仅剩叶柄。或将花瓣、雄蕊、雌蕊吃光。幼虫咬食果树根部，影响果树正常生长，甚至枯萎。

1. 形态识别

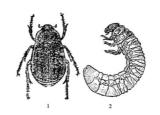

铜绿丽金龟
1. 成虫；2. 幼虫

黑绒鳃金龟
1. 成虫；2. 幼虫

2. 防控技术

（1）人工捕杀，或设置灭虫灯诱杀成虫。

（2）深耕土壤，促进幼虫、蛹、成虫死亡。

（3）成虫为害期喷施 90% 晶体敌百虫 800 倍液，或用 40% 乐斯本乳油 1 000 倍液杀成虫。在幼苗生长期用 90% 晶体敌百虫 30 倍液拌于豆饼、油饼上，撒施于土穴（沟）中，诱杀幼虫。是用 3% 辛硫磷颗粒剂施于土中，也可用 50% 辛硫磷乳油 1 000 倍液灌根杀幼虫。

四、叩头甲类（金针虫类）

叩头甲类害虫的幼虫统称金针虫，俗名铁丝虫。在我国为害果树的主要有沟金针虫和细胸金针虫两种。细胸金针虫分布广泛，主要是幼虫咬食果树的种子和幼芽，也能咬食幼茎，受害部分不完全被咬断，切口不整齐。幼苗长大后，便蛀入根茎内取食，也能蛀入大粒种子及薯块内为害，被害严重时，果树逐渐枯黄而死。

1. 形态识别

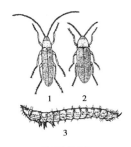

沟叩头甲

1. 雌成虫；2. 雄成虫；3. 幼虫

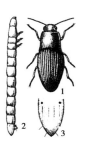

细胸叩头甲

1. 成虫；2. 幼虫；3. 幼虫腹末

2. 防控技术

（1）成虫盛发期，在田埂上堆青草，诱集成虫，清晨捕杀。

（2）冬季翻地灭幼虫。

（3）用3%辛硫磷颗粒剂施于土中，或用40%辛硫磷乳油对水灌根杀灭幼虫。

（4）毒饵诱杀。用90%晶体敌百虫1份，拌和豆饼碎渣、麦麸等16份，制成毒饵，用量为15~25 kg/hm²。

五、蟋蟀类

蟋蟀类属直翅目，蟋蟀科。以大蟋蟀分布较广，为害严重。成虫和若虫均可为害多种果树幼苗，是重要的苗圃害虫。

1. 形态识别

成虫体长40~50mm，黄褐色或暗褐色，头较前胸宽。前胸背板中央有1纵线，其两侧各有1个颜色较浅的楔形斑块。后足胫节具2列4~5个刺状突起。若虫外形与成虫相似。

大蟋蟀
1. 成虫；2. 若虫

2. 发生特点

1年1代，以3~5龄若虫在洞内越冬。翌年3—4月开始活动，6—7月成虫盛发，9月开始出现若虫，12月初若虫开始越冬。大蟋蟀为穴居昆虫，昼伏夜出，常在洞口附近觅食，除就地取食外，常将嫩茎切断拖回洞中。通常5~7 d才出穴1次，但在交尾盛期外出较频繁，晴天闷热无风或久雨初晴的夜晚，出穴最多。此虫多发生于沙壤土，沙土，植被稀疏或裸露、阳光充足的休闲地，荒芜地或全垦林地等，潮湿壤土或黏土很少发生。

3. 防控技术

（1）毒饵诱杀。用敌百虫、辛硫磷等拌炒过的米糠、麦麸或炒后捣碎的花生壳，或切碎的蔬菜叶，施于其洞口附近，或直接放在苗圃的株行间，诱杀成虫或若虫。用毒饵诱杀，在播种前或者苗木出土前进行，效果较好。

（2）白天寻找大蟋蟀洞穴，拨开洞口封土，用80%敌敌畏乳油1 000倍液或1%灭虫灵乳油2 000~3 000倍液灌入洞内，使其爬出或死于洞中。

六、地蛆类

地蛆又名根蛆，是对为害果树地下部分蝇类幼虫的统称。国内分布广泛，为害严重的有种蝇和韭蛆等。种蝇属双翅目，花蝇科，分布于全国各地，为害白菜、甘蓝、萝卜、瓜类、豆类、葱蒜类等多种果树。

1. 形态识别

种蝇

1. 成虫；2. 幼虫

2. 防控技术

（1）合理施用充分腐熟的有机肥。

（2）冬灌或春灌可消灭部分幼虫，减轻为害。

（3）成虫发生期，用糖醋毒液诱杀。

（4）及时清除受害植株，集中处理。

（5）成虫羽化盛期，用 10% 菊马乳油 3 000 倍液，或用 2.5% 溴氰菊酯、20% 氰戊菊酯乳油 3 000 倍液，或用 50% 辛硫磷乳油 1 000 倍液等喷雾防成虫；在幼虫危害盛期，用 50% 辛硫磷乳油 1 000 倍液，或用 2.5% 功夫乳油 1 500~2 000 倍液灌根。

第二章　南方果树病害

第一节　柑橘主要病害

一、柑橘黄龙病

【症状】黄龙病是我国南部柑橘产区毁灭性的细菌性病害。其特征性病状是初期病树出现的"黄梢"和叶片的黄化。"黄梢"病状是在浓绿的树冠上出现一枝或几枝叶片黄化的枝梢。黄化是从叶片主侧脉附近和叶片基部开始黄化，黄化部分逐渐扩散形成黄绿相间的斑驳，而后全叶黄化。有的品种果蒂附近变橙红色，而其余部分仍为青绿色，称为"红鼻子果"。黄龙病可通过嫁接、柑橘木虱等传播。

【发生规律】柑橘黄龙病全年均能发病，春、夏、秋梢都可出现症状。幼年树和初期结果树多为春梢发病，新梢叶片转绿后开始褪绿，使全株新叶均匀黄化；夏、秋梢发病则是新梢叶片在转绿过程中出现无光泽淡黄，逐渐均匀黄化。投产的成年树则表现为树冠上有少数枝条新梢叶片黄化，翌年黄化枝扩大至全株，使树势衰退。

【防治方法】

（1）严格实行检疫制度，严禁从病区调运苗木和接穗。

（2）建立无病苗圃，培育种植无病毒苗木。

（3）严格防治传病昆虫——柑橘木虱。

大范围叶片黄化

染病后的"红鼻子果"

（4）及时挖除病株并集中烧毁。

二、柑橘溃疡病

【**症状**】溃疡病是柑橘的主要病害之一，为细菌性病害，主要为害叶、枝、果实，一般以夏梢为害最重。叶部发病初期，在叶背着生黄色针头大油渍状斑点；后扩大成椭圆形、正反两面隆起、表面粗糙、中间凹陷开裂的黄褐色或灰褐色病斑，周围有黄色晕环；最后病斑木栓化。果实上病斑分散较大，硬化突起，开裂更显著。病部只限于果皮，不扩散到果肉。

【**发生规律**】湖南一般在 4 月下旬至 5 月上旬开始发病，直

柑橘溃疡病病叶

至9月中旬才逐渐减轻。高温高湿（相对湿度80%~90%）是适宜发病的气候条件。全年一般以夏梢受害最重，春梢次之，秋梢较轻。春梢发病高峰期在5月上旬，夏梢发病高峰期在6月下旬，秋梢发病高峰期在9月下旬，其中以6—7月夏梢和晚夏梢受害最重。气温在条件下，雨量越多，病害越重。

【**防治方法**】4—7月喷药5~8次。防效较好的药剂有：77%可杀得可湿性粉剂600倍液，20%叶青双可湿性粉剂500倍液，53%可杀得2000型可湿性粉剂1 000倍液，72%农用链霉素可溶性粉剂1 000倍液+1%酒精溶液浸30~60分钟，倍量式波尔多液+1%茶籽麸浸出液等。

三、柑橘炭疽病

【**症状**】柑橘炭疽病为真菌性病害，主要为害叶片、枝梢、花、果实，亦为害苗木、大枝和主干。感病叶片多在叶缘或叶尖出现圆形或不规则形病斑，浅灰褐色，边缘褐色，病健部分界清晰，病叶脱落缓慢。雨后高温时也常呈急性型炭疽病，病叶多自叶尖、叶缘或沿主脉发生淡青色或青褐色如开水烫伤状的叶斑。

炭疽病受害叶片

炭疽病病果

【发生规律】5月中下旬，当年春叶开始发病，7月中下旬至9月下旬为当年春叶第一个发病高峰期，11月中下旬起进入第二个发病脱叶高峰期。

【防治方法】

（1）加强管理。深耕改土、增施有机肥；避免偏施氮肥，适当施用磷钾肥；及时排灌、治虫、防冻，增强树势，提高树体抗病力。

（2）减少病原。结合修剪，剪除病枝叶、衰老叶、交叉枝及过密枝，将病叶、病果集中深埋或烧毁，并全面喷布 0.5～0.8 波美度石硫合剂一次，以减少菌源，并保持树冠通风透光。

（3）药剂防治。早春萌芽前喷 0.8～1.0 波美度石硫合剂 1 次；春芽米粒大时喷 0.5% 等量式波尔多液 1 次；5 月下旬至 6 月上旬喷 25% 咪酰胺乳油 500～1 000 倍液、10% 甲醚苯环唑水分散粒剂 2 000～2 500 倍液、50% 代森锰锌可湿性粉剂 600 倍液 1～2 次；9—10 月喷 50% 代森锰锌可湿性粉剂 600 倍液 1～2 次。

四、柑橘疮痂病

【症状】柑橘疮痂病属真菌性病害，主要为害叶、果和新梢的幼嫩组织。叶片发病初期着生油渍状小点，后变为黄褐色、木栓化、圆锥状疮痂。病斑往往只有一面突起，另一面凹陷，常以叶背突起居多。果实感病后一是散生或群生突起病斑，易引起早期脱落或发育不良；二是果皮组织被害后常坏死，呈癣皮状剥落，以致病部果皮较健部为薄。

柑橘疮痂病病叶

【发生规律】湖南一般 4 月上中旬开始发病，5 月及 6 月上中旬为春梢和幼果发病盛期。幼果长至豆粒大小时最易感病。

柑橘疮痂病病果

病菌一般只侵害幼嫩组织，以春梢及幼果受害较重。苗木、幼树因抽梢多、抽梢期长发病较重，壮年树次之，15年生以上橘树发病很轻。一般来说橘类最感病，柑、柚中度感病，甜橙、金橘抗病性较强。湖南的感病品种为建柑、酸橙、温州蜜柑、南丰蜜橘、朱红橘等。

【防治方法】防治本病应采取以药剂防治为重点的综合防治措施。

（1）结合修剪，清除病枝叶，并集中烧毁。

（2）在春芽萌动至芽长2~3mm和谢花2/3时（幼果初期）各喷1次药。如抽夏梢时遇低温阴雨，则应喷第3次药，以保护夏梢及果实。防治溃疡病的药剂均可兼治本病。此外还可选用80%代森锌可湿性粉剂800倍液、50%多菌灵可湿性粉剂1 000倍液、75%甲基托布津可湿性粉剂1 000倍液、80%必得利MZ-120可湿性粉剂600倍液、50%萃丰特可湿性粉剂1 000倍液等。

五、柑橘酸腐病

【症状】果实染病后，出现橘黄色圆形斑。病斑在短时间内迅速扩大，使全果软腐，病部变软，果皮易脱落。后期出现白色黏状物，为气生菌丝及分生孢子，整个果实出水腐烂并发生酸败臭味。

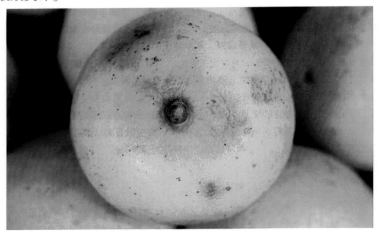

柑橘酸腐病为害果实的症状

【发生规律】病菌从伤口侵入，故首先在伤口附近出现病斑。由果蝇传播及接触传染，本病具较强的传染力。在密闭条件下容易发病。

【防治方法】参照柑橘青霉病与绿霉病的防治方法，及时清除烂果与流出的汁液。

六、柚子地衣病

【症状】地衣是一类菌藻共生物，呈青灰色或灰绿色的叶状体组织附生于果树的枝干上，呈圆形膏药状紧贴于枝干树皮上，不易剥离，青灰色或灰绿色。

【发生规律】地衣发生的主要因素是温度、湿度和树龄，其他如果园的地势、土质以及栽培管理等都有密切关系。在温暖潮湿的季节，繁殖蔓延快，一般在10℃左右开始发生，晚春和初夏期间（4—6月）发生最盛，为害最重，夏季高温干旱，发

柚子地衣病为害枝干症状

展缓慢，秋季继续生长，冬季寒冷，发展缓慢甚至停止生长。幼树和壮年树，生长旺盛，所以发生较少，老龄树生长势衰弱，且树皮粗糙易被附生，故受害严重。

【防治方法】加强栽培管理，采果后，清洁果园，及时修剪整枝，增强园内通风透光，降低果园湿度；科学施用肥料，增强果树长势。

适度药剂防治：采用挑治法和刮疗法。于春季雨后，用竹片或削刀刮除枝干上的地衣和苔藓，然后用药治疗。刮除下来的地衣和苔藓必须收集烧毁。用10%～15%的石灰水涂刷。

或用下列药剂喷施：

30%氧氯化铜悬浮剂500倍液；

1%～1.5%硫酸亚铁溶液；

1：1：100等量式波尔多液。

七、柑橘日灼病

【症状】此病因受高温和强烈的阳光照射引致果皮组织灼

伤。在果实尚未成熟时，果顶受害部分黄褐色，发育停滞。在果实成熟时，受害部位果皮出现暗褐色，果皮生长停滞，表面粗糙，干疤坚硬，果形不正。果实轻度受害，灼伤部位只限于果皮；受害重的，灼伤部位的中央为木栓状，伤及汁胞，汁胞下缩、粒化，汁少而味淡，品质低劣。

柑橘日灼病果实受害状

【病因】 该病在高温季节、气候干燥、日照强烈时容易发生。一般于7月开始出现，8—9月发生最多，尤其是西南方向的果实和幼年结果树的顶生果实，因日照时间长，受害程度最重。西向的坡地果园或无防护林的暴露果园也较严重发生。

【防治方法】 在开园种植时，应在园的西南方向营造防护林以减少烈日照射。选用发生日灼病较少的品种。种植温州蜜柑早熟品系时，宜选用软枝型品系，并适当密植。

幼龄结果树在生理落果结束时促放夏梢，以梢遮果，可减轻日灼程度。温州蜜柑抹春梢保果，应适当保留部分春梢营养枝。在果园行间间种高秆绿肥，或提倡园内生草法管理，以调节果园小气候。在高温干旱期利用水源定期喷水保持土壤水分，提高相对湿度，降低气温。在8—9月检查果园，发现受害果实，可用白纸粘贴受害部位或涂石灰乳，对轻度受害的果实可恢复正常。

八、柑橘果实干疤病

【症状】　主要发生在果实上，初期仅发生于果皮油胞层上，以后逐渐扩展深入到果皮的白皮层，最后直至果肉，使果肉变质，发生异味。病果蒂缘下陷，褐色，果皮上出现网状、片状、点状等不规则的褐斑。病果被次生性病菌侵入后，可发生果实腐烂。

柑橘果实干疤病为害果实症状

【病因】　此病发生与柑橘品种有关。果皮细密光滑、柔软及蜡质层薄的甜橙类发病较严重；果皮较粗糙、蜡质层较厚的品种发病较轻。温度4~9℃时贮藏果发病重；1~3℃和10~12℃发病较。此外，果实迟采收、贮藏时二氧化碳浓度极微时此病发生多。

【防治方法】 依据品种的成熟期，适当提早采收，以减少发病。

控制温度。采果后果实经保鲜处理后，在常温下"发汗"，在室温下贮藏1个月，再调控温湿度和适当提高二氧化碳浓度贮藏，可减少此病发生。

保鲜处理后进行薄膜袋单果包装，也可用保鲜纸包装保湿，或用水果保鲜剂浸果，能有效降低该病的发生。

九、柑橘裂果病

【症状】 首先在果实近顶部开裂，随后果皮纵裂开口，瓤瓣亦相应破裂，露出汁胞，有的横裂或不规则开裂，形似开裂的石榴，最后脱落。

柑橘裂果症状

【病因】 裂果主要是由于土壤缺少水分和水分供应不均衡，久旱骤雨引起的。干旱时果皮软而收缩，雨后树体大量吸收水分，果肉增长快，而果皮的生长尚未完全恢复，增长速度比果肉慢，致使果皮受果肉汁胞迅速增大的压力影响而裂开。一般出现在9—10月，11月时有发生。

【防治方法】结合当地气候条件，选择裂果少或不裂果的品种种植。加强栽培管理，果园进行深耕改土，以施用有机肥为主，实行氮磷钾合理搭配的配方施肥和结合适量微肥，提高土壤肥力，创造密、广、深的根群，增强树体抗逆能力，减少裂果发生。

8月进行树冠地面覆盖杂草绿肥，减少土壤水分蒸发；提倡生草法栽培，改善和调节土壤含水量的稳定；壮果期均衡供应水分和养分，是防止裂果的重要措施。

十、柑橘缺氮

【症状】新梢纤细，叶片小而薄，淡绿色至黄白色，落花落果严重。严重缺氮，新梢叶片全部发黄，开花结果少或几乎不开花。植株下部老叶先发生不同程度黄化，最后全叶脱落。长期缺氮，树体矮小，枝枯，果小，果皮苍白光滑，常早熟，风味差。

【病因】土壤缺乏氮素，氮肥又施用不足；夏季降雨量大，轻沙土壤保肥力差，致使土壤氮素大量流失；果园积水，土壤硝化作用不良，致使可给态氮减少，或根群受伤吸收能力降低；施钾素过量，酸性土壤一次施用石灰过多，影响了氮素的吸收；大量施用未腐熟的有机肥，土壤微生物在其分解过程中，消耗了土壤中原有的氮素，造成柑橘吸收氮素量减少而表现暂时性缺氮。

【防治方法】经常注意施用适量的氮肥。若在结果期间缺氮，应立即使用速效氮。砂质重的土壤应多施有机肥，改良土壤，促进根系强大，提高吸收能力。在采用青料压绿改土时，应在青绿料中施入石灰粉。搞好果园排灌系统，避免雨天积水。

柑橘缺氮症状

在瘦瘠土壤开垦新园，种植前应施好基肥，并坚持年年深翻改土，增施有机质肥料，可有效避免缺氮和其他缺素症。

第二节　荔枝、龙眼病害

一、荔枝、龙眼炭疽病

【症状】嫩叶受害，出现叶面暗褐色，叶背灰绿色近圆形的斑点，最后形成红褐色病斑，上生黑色小点；成叶受害，叶尖或叶缘出现黄褐色小圆斑，然后迅速向叶基扩展，形成大灰斑，其上有小黑点。嫩梢受害，病部呈黑褐色，严重时整条嫩枝枯死，病、健部界限明显。花枝受害，花穗变褐枯死。近成熟或采后的果实受害，果面出现黄褐色小点，后变成近圆形或不定形的褐斑，边缘与健部分界不明显，后期果实变质腐烂发酸，湿度大时在病部产生朱红色针头大液点。

【病原】　主要是无性阶段为 *Colletotrichum gloeosporioides* Penz.，称盘长孢状刺盘孢菌，属半知菌亚门，刺盘孢属真菌。

荔枝炭疽病为害叶片状

【发生规律】　病菌以菌丝体在病部越冬，病害在 13～30℃均可发生，最适温度 22～29℃，并要求要高湿，因此在高温多雨的夏季发病特别严重。病菌靠风雨传播，树势衰弱、幼果期、嫩枝叶、果实过熟、伤口多，有利于病菌入侵，发病严重。

【防治方法】　①增施有机肥和磷钾肥，实行配方施肥，避免偏施氮肥，以增强树势，提高抗病能力。雨季果园要搞好排除积水工作。冬季清园，修剪病枯枝、扫集落叶、落果，加以烧毁或深埋。清园后喷一次 0.5～0.8 波美度的石硫合剂或喷一次40%灭病威悬浮剂 500 倍液。②喷药保护，春、夏、秋梢抽出后叶片初展时，花蕾期，幼果期（5～10mm），每隔 7～10d 喷 1次，连喷 2～3 次，大雨后加喷 1 次。药剂可选用：70%甲基硫菌灵 1 000 倍液、50%多菌灵可湿性粉剂 800 倍液、50%咪鲜胺

荔枝炭疽病病果

锰盐（施保功）可湿性粉剂 1 500倍液、45%咪鲜胺水乳剂 1 500~2 000 倍液、10%苯醚甲环唑（世高）水分散粒剂 800~1 000倍液、50%多菌灵加25%瑞毒霉锰锌（1∶1）可湿性粉剂 1 500~2 000倍液等。

二、荔枝、龙眼霜疫霉病

【症状】幼果受害，呈水渍状，黑褐色，很快脱落。近成熟果实和成熟果实受害，多从果蒂处先出现不规则水渍状褐斑，迅速扩大到全果。天气潮湿时，长出白色霉状物，果肉糜烂发酸并有褐色的汁液渗出，病果易脱落。花穗受害后变褐腐烂，遇潮湿时也形成白色霉状物。嫩叶发病，叶面上有不规则的淡黄色或褐色的病斑，潮湿时长出白色霉状物；较老熟叶发病常在中脉处断断续续变黑，沿中脉出现褐色小斑点，后扩大为淡黄色不规则的病斑。

【病原】*Peronophythora litchii* Chen ex Ko et al，属鞭毛菌亚门，霜疫霉属真菌。

荔枝霜疫霉病为害花穗

荔枝霜疫霉病为害幼果状

【发生规律】病菌以菌丝体和卵孢子在病部组织或落入土壤中越冬。4—5月当温湿度适宜时，卵孢子萌发产生孢子囊，并萌发形成游动孢子，由风雨传播或直接萌发为芽管，成为病害的初次侵染源，病菌初次侵入后 2~3d 即可发病，病部再生孢子囊，继续为害。5—6 月在果实近成熟到成熟期，遇 4~5d 雨天，且是南风天气，病害发生严重。凡园地低洼，土壤比较肥沃，施氮肥过多，排水不良的果园发病严重；同一株树，树冠下部阴蔽处，发病早而重；近成熟的果比不成熟的果发病较重。早、中熟种易感病。

【防治方法】①果园要修好排灌系统，排除果园积水，降低荔枝园的湿度。采收后把病虫枝、弱枝以及过密的枝剪去，使园区通风透光良好，并清除地面上的落果、烂果、枯枝落叶，集中烧毁或深埋，防止卵孢子形成落入土中越冬，并喷 1 次 0.3~0.5 波美度石硫合剂或晶体石硫合剂 150 倍液，减少病源。3 月至 4 月上旬在卵孢子萌发时期用 1%硫酸铜溶液，也可用 30%氧氯化铜 300 倍液喷洒荔枝园地面，并加撒石灰。②上一年发病严重的果园，在花蕾期、幼果期和果实近成熟期各喷药 1~2 次，特别是近熟期和成熟期，遇多雨天要抢晴天喷药保护。药剂可选用：58%瑞毒霉锰锌可湿性粉剂 800 倍液、70%甲基硫菌灵可湿性粉剂 1 000 倍液、50%多菌灵可湿性粉剂 800 倍液、80%代森锰锌可湿性粉剂 500~800 倍液、75%百菌清可湿性粉剂 500~800 倍液或 53.8%可杀得 2000 干悬浮剂 900~1 000 倍液、25%吡唑醚菌酯（凯润）乳油 1 000~2 000 倍液、25%嘧菌酯（阿米西达）悬浮剂 800~1 500 倍液、25%双炔酰菌胺（瑞凡）悬浮剂 1 000~2 000 倍液、50%烯酰吗啉（安克）可湿性粉剂 1 000~2 000 倍液、60%吡唑醚菌酯·代森联（百泰）水分散粒剂 800~1 500 倍液。

三、荔枝、龙眼叶片病害

（1）灰斑病

【症状】灰斑病又名拟盘多毛孢叶斑病。病斑多从叶尖向叶缘扩展。初期病斑圆形至椭圆形，赤褐色，后逐渐扩大，或数个斑合成不规则的大病斑，后期病斑变为灰白色，病斑产生黑色粒点（分生孢子盘）。

【病原】*Pestalotiopsis pauciseta*（Speg.）Stey，半知菌亚门，拟盘多毛孢属真菌。

龙眼灰斑病

（2）白星病

【症状】白星病又名叶点霉灰枯病。初期叶面产生针头大小圆形的褐色斑，扩大后变为灰白色，边缘褐色明显，斑点上面生有黑色小粒点（分生孢子器），叶背病斑灰褐色，边缘不明显。

【病原】*phyliosticta* sp.，半知菌亚门，叶点霉属真菌。

（3）褐斑病

【症状】又名壳二孢褐斑病，初期产生圆形或不规则褐色小斑点，病斑扩大后，叶面病斑中央灰白色或淡褐色，边缘褐色。病、健部分界明显。叶背病斑淡褐色，边缘不明显。后期病斑上产生小黑点（分生孢子器），常数个斑合成不规则大病斑。

【病原】*Asochyta* sp.，半知菌亚门，壳二孢属真菌。

白星病

龙眼褐斑病

（4）叶枯病

【疲状】为害成叶，多始发于叶尖，从叶顶向两边延伸，呈"V"形，后期病斑上产生小黑点（分生孢子器）。

【病原】*Phomopsis guiyuan* Zhang et Chi，及 *Phomopsis longanae* Chi et Jiang，半知菌亚门，拟茎点霉属真菌。

【发生规律】病菌以分生孢子器、菌丝或分生孢子在病叶或落叶上越冬。分生孢子是初次侵染的主要来源，借风雨传播，在温湿度适宜条件下，分生孢子萌发后侵入叶片为害。此病以夏秋较多发生。严重的可引起早期落叶。老果园、栽培管理差、排水不良、树势衰弱以及虫害严重的果园容易发病。

荔枝叶枯病

【防治方法】①增施有机质肥，及时排除果园积水，提高树体抗病能力。对衰老果园要更新修剪，同时注意抓好清园，清除枯枝落叶，集中烧毁，减少病源。②对有发病史的果园，夏秋要经常检查，发现有病害发生及时喷药防治，有效药有：30%氧氯化铜悬浮剂600倍液、70%代森锰锌可湿性粉剂500～700倍液、45%三唑酮·福美双可湿性粉剂600倍液等。

龙眼叶枯病

四、荔枝、龙眼藻斑病

【症状】 主要发生在成叶或老叶上，叶片正面多见。发病初期出现黄褐色针头大的小斑，后逐渐扩大成近圆形或不规则形黑褐色斑点，病斑上有灰绿色或黄褐色毛绒状物，是藻类的藻丝体（营养体），后期转为锈褐色，病斑中央灰白色。嫩叶受害，叶片上密生褐色小斑，在叶片中脉常形成梭形或条状黑色斑，后期病斑中央灰白色。

【病原】 *Cehaleuros virescens* Kunze，属藻状菌中的头孢藻。弱寄生性，以藻丝体在病叶上越冬。

【发生规律】 果园郁蔽、通风透光性差，在温湿条件适宜情况下，越冬的营养体产生孢子囊和游动孢子，借雨水传播，侵入寄主内，在表皮细胞和角质层之间生长蔓延，并伸出叶面，形成新的营养体，随后再产生孢子囊和游动孢子，辗转侵染为害，使病害扩大蔓延。在多雨季节有利于藻类繁殖，病害迅速扩展蔓延。

【防治方法】 ①加强果园管理，增施有机质肥，及时排除积水，合理修剪，使树体既健壮又不互相阴蔽，减少病害发生。②发病初期以及清园后喷30%氧氯化铜悬浮剂600倍液或77%可杀得可湿性粉剂600~800倍液。

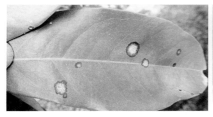
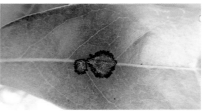

荔枝藻斑病

龙眼藻斑病

五、荔枝、龙眼煤烟病

【症状】叶片受害，初期表现出暗褐色霉斑，继而向四周扩展成绒状的黑色霉层，严重时全叶被黑色霉状物覆盖，故称煤烟病。严重的在干旱时部分自然脱落或容易剥离，剥离后叶表面仍为绿色。后期霉层上散生许多黑色小粒点（分生孢子器）或刚毛状突起（长型分生孢子器）。

【病原】有性阶段为子囊菌亚门，无性阶段属半知菌亚门，

龙眼藻斑病后期症状

荔枝煤烟病叶面症状

其种类多达 10 余种，其中除 *Meliola butleri* Syd.，称小煤炱菌，为纯寄生外，其余均为寄主表面附生菌，包括 *Capnodium* spp. 煤炱菌等。

【发生规律】病菌以菌丝体和子实体在病部越冬，翌年，温

龙眼煤烟病叶背症状

湿适宜条件下，越冬病菌产生孢子，借风雨及昆虫活动而传播。由于多数煤烟菌以昆虫分泌的蜜露为养料而生长繁殖，故其发生轻重与刺吸式口器害虫的发生为害关系密切，因此，凡介壳虫、蚜虫、粉虱等发生严重的果园煤烟病发生严重。此外，花期的花蜜散布在叶片上可诱发煤烟病，阴蔽和潮湿的果园、树势衰弱的果园亦容易发生此病。

【防治方法】参考柑橘煤烟病防治。

第三节　香蕉、菠萝病害

一、香蕉枯萎病

【症状】香蕉枯萎病又称香蕉镰刀菌枯萎病、巴拿马病、黄叶病，是维管束受害引起的病害。发病时假茎和球茎的维管束逐步褐变，呈斑点状或线状，后期呈长条形或块状。根的木质导管变为红褐色，一直延伸到球茎内。外部症状有叶片倒垂形和假茎基部开裂形两种。前者发病蕉株下部及靠外的叶鞘先出现黄化，叶片黄化先在叶缘出现，后逐渐扩展到中脉，染病叶片很快倒垂枯萎；后者病株先从假茎外围的叶鞘近地面处开裂，渐向内扩展，层层开裂直到心叶，并向上扩展，裂口褐色干腐，最后叶片变黄，倒垂或不倒垂，枯株枯萎相对较慢。

粉蕉枯萎病病叶枯黄、叶柄下垂倒挂

【病原】 *Fusarium oxysporum* f. sp. *cubense* Snyder. et Hansen，称尖孢镰刀菌古巴专化型，属半知菌亚门，镰孢属真菌。本菌已知有 4 个生理小种，1 号生理小种主要为害粉蕉、粉大蕉、龙牙蕉和西贡蕉，4 号小种已在我国台湾及菲律宾发现为害香芽蕉，列为重要检疫对象。

【发生规律】 病菌从根部侵入导管，产生毒素，使维管束坏死。全株枯死后，病菌在土壤中营腐生生活几年甚至 20 年。蕉苗、土壤、流水、农具均可带病菌传播。有明显的发病中心。

一般雨季（5—6月）感病，10—11月达到高峰期。排水不良及伤根会促进该病的发生。我国南方20世纪50年代引种粉蕉时发现有此病。现是粉蕉、龙牙蕉主要病害。

【防治方法】①严格执行检疫制度。②种植无病健壮组培苗，或不带病的吸芽。③发病率高于20%，多点发生时应改种水稻等，也可改种抗病品种。应用荣宝氰氨（石灰氮）60kg，淋透水后覆盖地膜，消毒15d后定植。④发现零星病株时可用下列药剂淋灌根部：90%噁霉灵可湿性粉剂1 000~2 000倍液、23%络氨铜水剂600倍液、20%龙克菌（噻菌铜）悬浮剂500~600倍液。每隔5~7d淋1次，连续淋2~3次。

二、香蕉炭疽病

【症状】香蕉炭疽病主要为害成熟或近成熟的果实，尤以贮藏果受害最烈。一般果实黄熟时果皮出现褐色，绿豆大病斑，俗称梅花点，后扩大并连合呈近圆形或不规则深褐色稍下陷的大斑或斑块，其上密生黑褐色小点，潮湿时出现黏质朱红色小点。叶片受害，病斑长椭圆形，生长后期小黑点布满叶片。

香蕉炭疽病

【病原】*Colletotrichum musae*（Berk. et Curt.）Arx，属半知菌亚门，刺盘孢属真菌。

【**发生规律**】病菌菌丝体和分生孢子在病部越冬。翌年分生孢子借风或昆虫传播。条件适合时分生孢子萌发芽管侵入果皮内，并发展为菌丝体。高温多雨季节发病严重。病果的病斑上长出大量的分生孢子辗转传播，不断进行重复侵染。贮藏期间，温度 25~32℃ 时发病最为严重。

香蕉炭疽病显梅花点

粉蕉炭疽病

【**防治方法**】①选用高产优质抗病品种。②及时清除和烧毁病花、病轴、病果，并在结果初期套袋，可减少病害发生。③香蕉断蕾后开始喷药，每隔 10～15d 喷 1 次，连喷 2～3 次。药剂可选用；50%咪鲜胺锰盐（施保功）可湿性粉剂 1 000～1 500倍液、80%代森锰锌可湿性粉剂 800～1 000倍液、50%多菌灵可湿性粉剂 500～800 倍液。果实采收后用45%特克多悬浮剂 500～1 000倍液浸果 1～2min，可减少贮运期间烂果。

三、香蕉黑星病

【**症状**】 主要为害叶片和青果。叶片发病，叶面及中脉上散生或群生许多小黑粒，后期小黑粒周围呈淡黄色，然后叶片变黄而凋萎。青果发病，初期在果指弯腹部分，严重时全果果面出现许多小黑粒，随后许多小黑粒聚集成堆，使果面粗糙。果实成熟时，在每堆小黑粒周围形成椭圆形或圆形的褐色小斑，不久病斑呈暗褐色或黑色，周围呈淡褐色，中部组织腐烂下陷，其上的小黑粒突起。

【**病原**】 *Phyllosticta musarum* （Cke.） Petr. = *Macrophoma musae* （Cooke） Berl. et Vogl. ，称香焦叶点霉菌，属半知菌亚门真菌。

香蕉黑星病

【**发生规律**】 病菌的菌丝体和分生孢子在病部和病残体越冬。翌年分生孢子借雨水溅射传播到叶片和果实上，侵入为害，产生分生孢子继续传播，进行再侵染。高温多雨季节发病严重、密植、高肥、阴蔽、积水的蕉园发病严重。香蕉高度感病，粉蕉次之，大蕉抗病。

香蕉黑星病为害果指弯背部症状

【**防治方法**】①经常清除病叶残株，增施钾肥与有机肥，避免多施氮肥，雨季及时排除积水，预防病害发生。②发病初期，套袋前后喷杀菌剂杀菌。药剂可选用：75%百菌清可湿性粉剂800～1 000倍液、70%甲基硫菌灵可湿性粉剂800～1 000倍液、25%腈菌唑乳油2 500～3 000倍液等。③果实套袋，减少病菌感染。

四、香蕉冠腐病

【**症状**】香蕉冠腐病是采后的重要病害，首先蕉梳切口出现白色棉絮状霉层并开始腐烂，继而向果扩展，病部前缘水渍状，暗褐色，蕉指散落。后期果身发病，果皮爆裂，其上生长白色棉絮状菌丝体。果僵硬，不易催熟转黄，食用价值低。

【病原】导致冠腐病的真菌涉及近 10 个属，广东主要为镰刀菌引起，有串珠镰孢 *Fusaariun moniliforme* Sheldon，双孢镰孢 *fusariun dimerun* Penzig，半裸镰孢 *fusariun semitectum* Berk. et Rav，亚镰黏团串珠镰孢 *Fusariun moniliforme* var. *subgiutinans* Wollenw. et Rienk.，其中以串珠镰孢菌为主。均属半知菌亚门真菌。

【发生规律】病原从伤口侵入，采收时去轴分梳以及包装运输时造成的伤口，在高温高湿情况下极易发病。

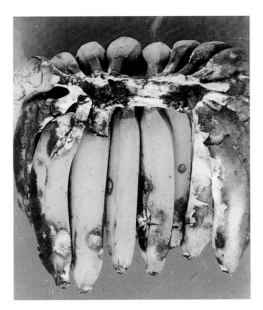

香蕉冠腐病（高乔婉提供）

【防治方法】①尽量减少采收、脱梳、包装、运输各个环节的机械伤。②采后包装前要及时进行药物处理。药剂可选用：50%多菌灵 600~1 000倍液（加高脂膜 200 倍液兼防炭疽病病）、50%咪鲜胺锰盐可湿性粉剂 1 000~2000 倍液以及 50% 双胍辛胺可湿性粉剂 1 000~1 500 倍液等。或浸果 1min 捞起晾干然后进行包装、贮运，减少病害发生。

五、香蕉褐缘灰斑病

香蕉褐缘灰斑病又称黄叶病。

【症状】 发病初期病斑短杆状，暗褐色，后扩展为长椭圆形斑，病斑中央灰色，周边黑褐色，大多单独存在，近叶缘表面病斑数量比近中脉的多。病斑上产生稀疏的灰色霉状物。大量病斑出现后，叶片迅速早衰变黄枯死。

香蕉褐缘灰斑病

香蕉褐缘灰斑病

【发生规律】 病菌以菌丝体和分生孢子在病部或病残物上越

冬。在温度适宜的高温季节，分生孢子靠风雨传播。凡排水不良、土壤潮湿以及象鼻虫严重为害的蕉园发病严重。大蕉较香蕉感病，粉蕉较耐病。

【防治方法】①实行配方施肥，避免偏施氮肥，适当增加磷钾肥。及时排除蕉园积水，摘除下部病叶。②5—10月风雨季节及时喷药保护以防感染。药剂可选用：高效低毒或无污染的生物农药，如12.5%腈菌唑1 500倍液，70%甲基硫菌灵可湿性粉剂800倍液等。隔10~15d喷1次，连续2~3次。

六、香蕉灰纹病

香蕉灰纹病又称暗双孢霉叶斑病。

【症状】发病初期叶面出现椭圆形褐色小斑，然后扩大为两端略尖的长椭圆大斑。中央呈灰褐色至灰色，周边呈褐色。近病斑的周缘有不明显的轮纹，病斑外绕有明显的黄晕，病斑背面有灰褐色霉状物，即分生孢子梗和分生孢子。

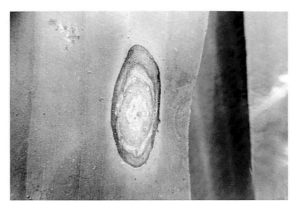

香蕉灰纹病

【病原】*Cordancnmisae*（Zimm.）V. Hohn，称香蕉暗双孢霉菌，属半知菌亚门真菌。

发生规律及防治方法与褐缘灰斑病基本相同。

七、香蕉煤纹病

香蕉煤纹病又称小窦氏霉叶斑病。

【症状】病斑多出现在中下部叶缘，短椭圆形，褐色，斑面明显轮纹较明显，故也称轮纹病，多发生在叶缘。病健部分界明显，潮湿时病斑背面可见许多黑色霉状物。大蕉常见典型病斑。

【病原】*Deightoniella torulose*（Syd.）M. B. Ellis，称香蕉小窦氏霉菌。

发生规律及防治方法与褐缘灰斑病基本相同。

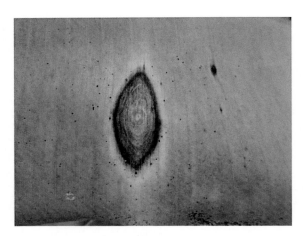

香蕉煤纹病

八、菠萝心腐病

【症状】主要为害幼龄植株，也为害成株与果实。幼株被害，植株初期叶片仍呈青绿色，仅叶色稍变暗无光泽，心叶黄白色，容易拔起，肉眼不易觉察。以后病株叶色逐渐褪绿变黄或变红黄色，叶尖变褐干枯，叶基浅褐色或黑色水渍状腐烂，腐烂组织变成乳酪状，病、健部交界处呈深褐色，随后次生菌入侵，组织腐烂发臭，最终全株死亡。成株被害，主要是根系变黑腐烂，心叶褪绿，较老叶片枯萎，病株果实味淡。

【病原】病原菌有多种，其中有 *Phytophthora nicotianae* var. *parasitica*（Dastur）Waterh，称寄生疫霉，属鞭毛菌亚门真菌。

菠萝心腐病

【发生规律】病菌在田间病株和土壤中存活或越冬。翌年条件适宜时产生孢子囊和游动孢子，借风雨溅散和流水传播，使病害在田间迅速蔓延。高温多雨季节，特别是秋季定植后遇暴雨，往往发病严重。连作、土壤黏重、排水不良的田块较易发病。

【防治方法】①选用无病壮苗，选排水良好的沙质壤土种植。②发病初期用50%多菌灵可湿性粉剂500~800倍液、70%甲基硫菌灵可湿性粉剂或25%甲霜灵可湿性粉剂800~1 000倍液、58%瑞毒霉锰锌可湿性粉剂600~700倍液喷洒菠萝植株，10~15d喷1次，连喷2~3次。

九、菠萝褐腐病

【症状】 主要发生在成熟的果实上，被害果外观与健果难于区别，剖开果实时有两种情况，一种是小果变褐色或黑褐色，感病组织略变干、变硬，不易扩展到健康组织；另一种是近果轴处变暗色、水渍状，后变成褐色或黑色。

【病原】 有认为小果变黑是欧氏杆菌细菌（*Erwinia* sp.）引起的。果轴处受害是由链格孢真菌（*Alternaria* sp.）引起的。

菠萝褐腐病小果病状

【发生规律】 小果褐腐病是菠萝开花期间病菌侵入蜜腺管和

花柱沟引起的。在幼果生长发育期，病菌呈休眠状，当果实进入成熟期，病菌就活跃起来，扩大侵染范围，使蜜腺管壁和花柱沟变褐色，进而使小果呈褐色或黑褐色而导致腐烂。花期遇低温多雨，易诱发病，采果和贮运过程伤口多，发病较重。广州地区 8—9 月菠萝果实成熟期常发生，以卡因类菠萝发生较普遍。

【防治方法】①花前期喷 50%多菌灵可湿性粉剂 1 000 倍液或 70%甲基硫菌灵可湿性粉剂 1 000~1 500 倍液，保护发育中的花序。②收获、运输及贮藏，小心轻放，减少伤口。雨天不收果，晴天收果也不宜堆放过厚，贮藏室要通风干燥。远途运输时应采用冷藏车运输，温度保持 7~8°C。

菠萝褐腐病果轴病状

十、菠萝枯斑病

【症状】苗期与成株期均会受害，病斑多发生在植株中下部叶片两面，发生初为淡黄色，绿豆大小的斑点，条件适宜时扩大，中央变褐色并下陷。后期病斑椭圆形或长椭圆形，常几个小斑愈合成大斑，边缘深褐色，外有黄色晕环，中央灰白色，上生黑色刺毛状小点（即病菌的分生孢子盘）。

【病原】*Annellohcinia dinemasporioides* Sutton，称痕裂盘毛孢菌，属半知菌亚门真菌。

菠萝枯斑病

【发生规律】病菌和菌丝体或分生孢子盘在病叶组织内越冬，翌年温湿条件适宜时，产生分生孢子，随风雨侵入嫩叶。高温多湿天气易发病，夏秋发病较重。

【防治方法】①加强栽培管理，不偏施氮肥，及时排除积水，可减少病害发生。②抽新叶期，隔15d喷药1次，连喷2~3次，保护新叶不受感染。药剂可选用：50%多菌灵可湿性粉剂600倍液或70%甲基硫菌灵可湿性粉剂800~1 000倍液。

十一、菠萝凋萎病

菠萝凋萎病又名菠萝粉蚧凋萎病。

【症状】发病初期基部叶片变黄发红，皱缩失去光泽，叶缘向内卷缩，以后叶尖干枯，叶片凋萎，植株生长停止，部分嫩茎和心叶腐烂。地下部根尖先腐烂发展到根系部分或全部腐烂，植株枯死。

菠萝凋萎病

【病原】 多数人认为是菠萝粉蚧 *Dysmicoccrus brevipes* Cockerell 为害引起。近年国外从有粉蚧凋萎症状的病株中发现病毒，属甜菜黄化病毒组 Clostero virus 2 型病毒。现基本确定此病是菠萝粉蚧传播病毒引起的病毒病。

【发生规律】 初侵染源是带有菠萝粉蚧（若虫和卵）越冬的病株。冬天粉蚧在植株基部和根上越冬。一般高温、干旱的秋季和冬季易发病。但低温阴雨的春天也常见此病。新开荒地发病少，熟地发病多。卡因种较其他品种易感病，卡因杂交种抗性较好。蛴螬、白蚁、蚯蚓等吸食地下根部会加重凋萎病发生。

【防治方法】 ①选用无病苗木，采用高畦种植。②做好菠萝粉蚧和地下害虫的防治。③及时挖除病株并集中烧毁。

第四节　杧果、枇杷病害

一、杧果炭疽病

【症状】嫩叶受害，最初出现黑褐色、圆形或多角形或不规则形小斑，多个小斑扩大合成大枯死斑，穿孔或脱落。嫩梢受害，生黑褐色斑，扩大环绕枝一圈，病斑上部枯死，表面生褐色小粒点（分生孢子盘）。老叶受害，多生近圆形、多角形病斑，其上散生黑色粒点。花梗受害，花序和花凋萎枯死，称"花疫"。幼果在果核未形成前染病，生小黑斑，迅速扩大引起部分果或全果皱缩、变黑、脱落。成熟果实受害，产生黑色、形状不一的病斑，略凹陷有裂纹，常多个病斑合成大斑，病部常深入果肉，致使果实在田间或贮运过程腐烂。当大量分生孢子从感病枝或花序上随雨水冲溅到果实上，果表面生成大量小斑，形成污果斑。

【病原】无性阶段为 *Colletotrichum gloeosporioides* Penz. = *C. mangiferae*，称盘长孢状刺盘孢菌，属半知菌亚门，刺盘孢属真菌。有性阶段为 *Glomerella cingulata*（Stone.）Spauld. et Sch.，称围小丛壳，属子囊菌亚门，小丛壳属真菌。

【发生规律】病菌以分生孢子在病部越冬，翌年温湿度适宜时，靠风雨传播。发生流行要求高温（24~30°C）、高湿（90%以上），如嫩梢期、开花期至幼果期遇多雨季节，则此病发生严重。此病有潜伏侵染的特性，多潜在果梗处的果皮、果肉内。管理不善，偏施氮肥的果园发病较重，采收、包装、运输操作不当，贮藏条件差会加速采后果实腐烂。

【防治方法】①搞好冬季清园，减少越冬菌源。②适时喷药保护。盛花期花开放 2/3 时，是防治关键时期，应及时喷药。药剂可选用：50%多菌灵可湿性粉剂 500~600 倍液、70%甲基

杜果急性炭疽病为害叶片

杜果炭疽病为害叶片状

硫菌灵可湿性粉剂 800~1 000倍液、65%代森锰锌可湿性粉剂 600~800 倍液、80%大生 M-45 可湿性粉剂 600 倍液或 10%世高 水分散粒剂 1 000倍液或其他含苯醚甲环唑类药剂及时喷布。

二、杧果疮痂病

【**症状**】嫩叶受害从叶背开始发病，病斑由针头大小逐步扩大为突起的圆形或近椭圆形斑点。随叶片成长老熟，病斑停止扩展，形成木栓化组织，稍突起，灰色至紫褐色。发病严重时，叶片扭曲、畸形。果实受害，多为落花后的幼果开始出现黑褐色小病斑，后随果实增大，病斑逐渐扩大，中间组织粗糙，木栓化，灰褐色，严重的病斑连成一片。

【**病原**】有性阶段为 *Elisinoe mangiferae* Bilcourt et Jankins，称杧果痂囊腔菌，属子囊菌亚门，痂囊腔菌属真菌。无性阶段为 *Sphaceloma mangiferae* Jenk，称杧果痂圆孢菌，属半知菌亚门，痂圆孢属真菌。前者国内未发现。

杧果疮痂病

【**发生规律**】病菌以菌丝体在病部组织上越冬，翌年靠气流与雨水传播。远距离传播是带病种苗。该病主要发生期是梢期和幼果期，果园管理差的发病严重。

【**防治方法**】①加强栽培管理，施肥以有机质肥为主，合理搭配其他肥。果园要通风透光，春季排除积水，改善果园环境。

杧果疮痂病为害果实状

②抓适期喷药防治，当谢花约70%时开始喷药，隔10~15d 喷1次，连续喷药2~3次，以保护新梢及幼果。药剂可选用：0.5%等式波尔多液、53.8%可杀得2 000 干悬浮剂900~1 100倍液、57.6%冠菌清干粒剂1 000倍液、10%世高水分散粒剂1 000倍液、80%大生 M-45 可湿性粉剂500~600 倍液、70%丙森锌可湿性粉剂600 倍液等。

三、杧果细菌性黑斑病

杧果细菌性黑斑病又称细菌性角斑病。

【症状】 主要为害叶片和果实。叶片受害，初期会再现许多小黑点，后发展成多角形病斑，周围有黄晕；严重时病斑合成大块坏死斑。叶柄叶脉被害，局部变黑开裂，造成大量落叶。果实受害，初期出现针头大小、水渍状、暗绿色的小斑，后发展为黑褐色，圆形或稍不规则形斑，中央常纵裂，流出胶液。大量细菌随雨水流淌，在果皮表面出现条状污斑，果实最终腐烂，腐烂速度较炭疽病缓慢。

【病原】 *Xanthomonas campestris* pv. *Mangiferae indicae*，属黄色假单胞属细菌。

【发生规律】 以细菌在病枝组织越冬，翌年靠风雨传播到叶

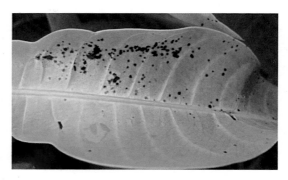

杧果细菌性黑斑病为害叶片

杧果细菌性黑斑病

杧果细菌性黑斑病为害果实状

片、果实为害。高温多湿条件下，特别是暴风雨后，发病严重。

　　【防治方法】①冬季彻底清除枯枝落叶、烂果集中烧毁。②适时喷药防护。一般在3月新梢抽生期开始喷药，隔15d喷1

次，连喷2~3次。可选用铜剂如77%可杀得可湿性粉剂600倍液，或用1%等量式波尔多液，也可用72%农用链霉素3 000～4 000倍液。③种苗可用120单位农用链霉素消毒后种植。

四、枇杷果实心腐病

【症状】受害初期，无明显症状，后期果面出现近圆形的水渍状软斑，病健界限明显，果心及周围变褐色，生灰白色菌丝，果肉腐烂。

【病原】*Thielaviopsis paradoxa*（de Seynes）V. Hohnel.，半知菌亚门，根串珠霉属真菌。

【发生规律】病菌从伤口侵入，采前湿气大易发生此病。管理差、虫害多，采收、包装、贮运过程损伤多的发病严重。

【防治方法】①加强栽培管理，及时除虫，特别要重视套袋前喷药保护。药剂可选用：25%施保克乳油2 000倍液、10%世高水分散粒剂1 000倍液、80%大生M-45可湿性粉剂500～600倍液等。

枇杷心腐病

五、枇杷裂果病

【症状】果皮裂开，出现不同程度的果肉和果核外露，感染病菌，果实变质腐烂。

【发生条件】本病主要是气候等因素引起的生理性病害。果实着色前后，遇久旱骤降大雨或连续下雨，果肉细胞吸水后迅速膨大，引起外皮破裂。

【防治方法】①遇干旱及时灌水，雨季及时排除积水，使土壤水分保持相对均衡。②在幼果迅速膨大期，勤根外追肥，如喷 0.2% 的尿素、硼砂或磷酸二氢钾等。③实行果实套袋。④果皮转淡绿时，喷 0.1% 的乙烯利。

枇杷裂果病

六、枇杷皱果病

【症状】果皮皱缩、干瘪，病果挂在树上。

【发生条件】本病主要是气候等因素引起的生理性病害。采收前长期低温、干旱天气有利于此病发生。

【防治方法】①增施有机肥，做好疏花疏果和剪除病枝工作。②在幼果迅速膨大期，进行根外追肥，喷水或施用叶面水分蒸发抑制剂，如 ABION-207 500 倍液。③实行果实套袋。

枇杷皱果病

第五节　杨桃、黄皮、橄榄病害

一、杨桃炭疽病

【症状】早期侵染并潜伏于果实内，当果实成熟时才开始显现症状。果面初生暗褐色圆形小斑点，病斑扩大后内部组织腐烂，并发出酒味，病部发生许多朱红色小点，严重时全果腐烂。

【病原】无性阶段为 *Colletotrichum gloeosporioides* Penz.，属半知菌亚门，刺盘孢属真菌。

【发生规律】病菌主要以分生孢子在果实上，特别是在迟熟及留在树上的病果上越冬。翌年温湿度适合时，产生分生孢子，靠风雨传播，从伤口侵入，进行初侵染和再侵染。温暖多湿的季节发病严重。采后贮运和销售过程继续为害。

杨桃炭疽病

杨桃炭疽病后期症状

【防治方法】①冬季彻底清园。采果后清除遗留在树上的病果和小果以及落地果，集中深埋，减少翌年侵染源。②采果时注意不使果实受伤，防止病菌侵入。③严重发病果园，在小果期喷药保护。药剂可选用：80%炭疽福美可湿性粉剂600倍液、77%可杀得可湿性粉剂600倍液、1%等量式波尔多液、10%世高水分散粒剂1 500倍液、40%多·硫悬浮剂600倍液等。

二、杨桃赤斑病

【症状】叶片受害，先出现黄褐色小斑点，后逐渐扩大为圆形或不规则形、直径 3~5mm 的红褐色病斑。叶缘的病斑多呈半圆形，赤色，周缘有不明显黄色晕圈。有时病斑呈赤色或紫褐色，边缘赤色，斑外有黄圈，最后灰白色，病斑坏死干枯、脱落，形成穿孔。叶上病斑多时，叶片变黄脱落。

杨桃赤斑病

【病原】*Cercosppora averrhoae* Petch，属半知菌亚门，尾孢属真菌。

【发生规律】病叶越冬的菌丝体为初侵染源。翌年 4 月，温湿度适合时，产生分生孢子，靠风雨传播，引起初侵染，以后病斑又生大量分生孢子，进行再侵染。多湿的梅雨季节为发病盛期。土壤排水不良、管理不善的果园发病较重。

【防治方法】①加强栽培管理，提高树体抗病力。雨季及时排除果园积水可减轻为害。冬季彻底清除枯枝落叶，烂果集中烧毁，减少越冬病源。②3 月新梢抽生期开始喷药，隔 15d 再喷 1 次，连喷 2~3 次。药剂可选用铜剂，如 77% 可杀得可湿性粉剂 600 倍液、1% 等量式波尔多液，也可用 10% 世高水分散粒剂 1 500 倍液、25% 施保克乳油 2 000 倍液等。

三、杨桃木腐病

【症状】 主要为害果园地势平坦、水位比较高的杨桃老龄树枝干，使表皮与木质腐朽。然后长出不同形状的病原子实体，使树势衰弱，叶片发黄早落，严重时全株枯死。

【病原】 担子菌亚门、木耳科等真菌。

杨桃木腐病 （长出子实体）

【发生规律】 地势平坦、水位比较高的老龄果园，树势较弱、雨季时间较长，容易发生此病。

【防治方法】 ①挖深排水沟，雨季及时排除果园积水。②树干与主枝每年冬季要涂白，涂白剂用石灰水加硫黄合剂。③种植太密的果园要及时修剪或间伐，保持通风透光。

四、黄皮炭疽病

【症状】 叶片受害，从叶片中央或叶缘开始发病，会生成圆

杨桃木腐病（长出子实体与苔藓）

形或半圆形灰白色病斑，有的合并成不规则形斑，大小 2～12mm，边缘水渍状，病健分界明显。叶腐，自叶尖或叶缘处开始发病，褐色腐烂，病部扩展快，病健分界不明显。叶柄受害，变褐，易产生离层，导致叶片早落，形成秃枝。枝梢受害，产生褐色凹陷近椭圆形病斑。果实受害初呈水渍状褐色小点，后为褐色病斑，潮湿时表面溢出粉红色黏质物（分生孢子），病斑继续发展，致使果实腐烂或干缩成僵果。

【病原】有性阶段为 *Glomerella cingulata*（Stonem.）Spauld. et Schrenk，属子囊菌亚门，小丛壳属真菌。无性阶段为 *Colletotrichun gloeosporioides* Penz.，属半知菌亚门，刺盘孢属真菌。

【发生规律】病菌以菌丝体和分生孢子盘在病果及带病枝梢上越冬，翌春温湿适合时，新产生的分生孢子，随风雨或昆虫传播为害。高温多雨的环境下容易发病，果园排水差，偏施氮肥，枝叶密蔽，阴雨连绵，发病较重。5—7 月为发病盛期。

【防治方法】柑橘炭疽病的防治方法。

黄皮炭疽病为害叶片状

五、黄皮梢腐病

【症状】幼芽、幼叶受害，变褐坏死、腐烂，潮湿时表面生大量白霉和橙红色黏孢团。顶端嫩梢受害呈黑褐色至黑色，病部干枯收缩，呈烟头状。叶片受害，叶尖、叶缘褐腐，有的扩展到叶的大部或全部，病健分界处呈深褐色波纹。枝受害，病斑褐色梭形，四周隆起，中央下凹，病斑表面木栓化，粗糙不平。果受害，病斑圆形、褐色水渍状，潮湿时生大量白霉。

【病原】*Fusarium lateritium*，是黄及砖红镰孢长孢变种，属半知菌亚门真菌。

【发生规律】病菌以菌丝体、分生孢子、厚垣孢子在病部或随病残体在土壤中越冬，土壤湿润易发病，土壤带菌率高发病

黄皮梢腐病症状

黄皮梢腐病枝梢症状

重。4—8月为发病盛期，春梢发病重于秋梢。

【防治方法】柑橘炭疽病的防治方法。

六、黄皮疮痂病

症状、病原、发生规律及防治方法见第一章第一节柑橘疮痂病。

七、橄榄肿瘤病

橄榄肿瘤病在福建称树瘿病。

黄皮梢腐病果腐症状

黄皮疮痂病

【症状】多在主干与主枝上发病，初期病部有小突起，以后患部逐渐增大，形成肿瘤，表面粗糙龟裂，严重时树势衰退，枝叶稀疏，产量低。

【病原】病原不详。

【发生规律】砧穗亲和力差的树发病严重。

【防治方法】①种植砧穗亲和力好的种苗，耕作时尽量保护

橄榄流胶病

橄榄肿瘤病

好树干，避免造成伤口，减少病菌入侵机会。②主干或主枝发现受感染，要及时刮除病部，然后涂药。药剂可用 100 倍液氧氯化铜浆，或用 75％百菌清加 50％瑞毒霉（1∶1）50~100 倍液等。每隔 15~20d 涂 1 次，连涂 3 次。③加强对处理后的病树的肥水管理，做好松土培肥及根外追肥工作，使树势逐渐恢复。

第六节　番石榴、番木瓜、番荔枝病害

一、番石榴炭疽病

【症状】幼果受害，一般干枯脱落或干果挂在树上。成熟果实被害，果面上出现圆形或近圆形，中央凹陷，呈褐色至暗褐色病斑，其上生粉红色至橘红色小点。新梢嫩叶受害，叶尖、叶缘焦枯脱落，严重枝梢变褐枯死，病部生黑色小点（分生孢子器）。

番石榴炭疽病

【病原】有性阶段为 *Glomerella cingulata*（Stonem.）Spauld. et Schrenk，属子囊菌亚门，小丛壳属的围小丛壳真菌。无性阶段为 *Colletotrichum gloeosporioides* Penz.，属半知菌亚门，盘长孢状刺盘孢真菌。

发生规律及防治方法柑橘炭疽病。

二、番石榴焦腐病

【症状】成熟果实最易感病，多从两端开始发病，病斑圆形淡褐色，后期暗褐色至黑色，最终整个果实黑腐，病部长出许多小黑点（分生孢子器）。

番石榴炭疽病后期症状

番石榴焦腐病

【病原】 *Botryodiplodia theobromae* Pat. = *Diplodia natalensis* Pole-Evans（*Physalospora rhodina* Berk. et Curt.），称可可毛色二孢，属半知菌亚门，球色单隔孢属真菌。

【发生规律】 病菌以菌丝体和分生孢子器在病果组织内和病枯枝上越冬，翌年春温湿度适合时，产生分生孢子，靠风雨传播。高温多雨、靠近地面的果容易发生。

【防治方法】 ①加强栽培管理，增强树势，提高抗病力。剪除病枝，清除地面病果，集中烧毁。②发病初期及时喷药保护，药剂可选用：75%百菌清可湿性粉剂 800～1 000倍液、50%多菌灵可湿性粉剂 1 000 倍液、50%甲基硫菌灵可湿性粉剂 1 500～倍液等。

三、番石榴褐腐病

【症状】果实受害，果实表面生褐色、不规则形病斑，后期果面出现凹陷，表面密生小黑点，随着病斑扩大和增多，终致全果腐烂。

【病原】 *Phoma psidii* Ahmad，属半知菌亚门，茎点霉属真菌。

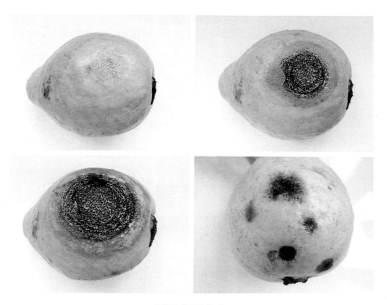

番石榴褐腐病

【发生规律】病菌以菌丝体和生分孢子器在病果组织上越冬，翌春温湿度适合时，新产生的分生孢子借风雨传播为害。

高温多雨、排水不良的环境下容易发病，近成熟果实发病较重。

【防治方法】参考番石榴焦腐病的防治。

四、番石榴灰斑病

【症状】叶片受害生不规则形病斑，褐色、灰褐色或灰白色，边缘隆起，深褐色，与叶健部分界明显，病部中央生黑色小点（分生孢子器）。

番石榴灰斑病

【病原】*Pestalotiopsis disseminatum*（Thuem.）Stey.（= *Pestalotia disseminatum* Thuem.），称拟盘多毛孢，属半知菌亚门，拟盘多毛孢属真菌。

【发生规律】病菌以分生孢子盘或菌丝体在病部组织中或随病残体进入土中越冬，翌春温湿度适合时，越冬后的分生孢子或新产生的分生孢子，靠风雨传播从伤口侵入，引起初侵染，以后逐步蔓延。气温 25～28℃，相对湿度 80%～85% 或遇雨易发病。

【防治方法】①增施有机肥，提高树体抗病力。雨季及时排除果园积水可减轻为害。冬季彻底清除枯枝落叶和烂果，集中烧毁，减少越冬病源。②适时喷药防护。药剂可选用：77% 可杀得可湿性粉剂 600 倍液、50% 多菌灵可湿性粉剂 1 000 倍液、

50%甲基硫菌灵可湿性粉剂1 500~倍液等。

五、番木瓜白星病

【症状】叶片受害，初生圆形病斑，中央白色至灰白色，边缘褐色，大小2~4mm。病斑多时，常相互愈合成不规则形大斑，病斑上现黑色小点（分生孢子器），后期病斑脱落穿孔，严重时穿孔斑密布，叶片呈破烂状。

番木瓜白星病

【病原】*Phyllosticta caricaepapayae* Allesch，称番木瓜叶点霉，属半知菌亚门，叶点霉属真菌。

【发生规律】病菌以菌丝体及分生孢子器在病部越冬，翌年环境条件适宜时，分生孢子借风雨传播。温暖多雨的天气有利发病，幼株较成株叶片易发病，偏施氮肥或肥料不足、生长势差的植株易发病。

【防治方法】发病初期及早喷药防治，药剂可选用：75%百菌清可湿性粉剂600倍液、50%多菌灵·硫黄可湿性粉剂600倍

番木瓜白星病

液、75%百菌清+70%硫菌灵（1∶1）1 000倍液、50%咪鲜胺锰盐可湿性粉剂1 500倍液等。

六、番木瓜环斑病

【症状】 发病初期，在茎、叶脉及嫩叶的支脉间出现水渍斑，随后在嫩叶上出现黄绿相间或深绿与浅绿相间的花叶状。嫩茎及叶柄水渍状斑，逐渐合并成水渍状条纹，新长出的叶也成花叶。感病果实表皮上也出现水渍状圆斑，几个圆斑可联合成不规则形。为害严重时，病株结小果，品质差。病株1~3年内死亡。

【病原】 Papaya ringspot virus（PRSV），称番木瓜环斑病毒，马铃薯Y病毒属。

【发生规律】 自然传播媒介为桃蚜和棉蚜，且传播率非常高。摩擦非常容易传毒，田间病株叶片与健株叶片进行接触摩擦，便可传染。温暖干燥年份有利于蚜虫的发育和迁飞，该病发生严重。

番木瓜环斑病病株症状

番木瓜环斑病果实症状

【防治方法】①选择种植耐病品种。现有栽培品种中，穗中红48、蜜红3号和6号具较高的耐病性。②改变耕作方式。改秋植为春植，当年收果，当年砍伐，以保产量。③及时挖除病株。发现病株应立即挖除，并用生石灰消毒。④消灭病源，适当隔离。老果园在种植前应清除病株，新果园距离老果园2 000m以

番木瓜环斑病

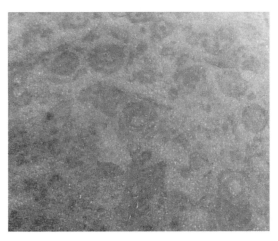

番木瓜环斑病

上。避免与瓜类蔬菜间作，应远离瓜类蔬菜种植。⑤嫩芽、嫩叶期以及蚜虫迁飞高峰期，特别是在干旱季节应及时防治蚜虫，并注意清除果园周围蚜虫喜欢栖息的杂草。药剂可用：10%的吡虫啉 1 500～2 000 倍液与病毒必克、病毒宁、菌克毒克等混用。

七、番木瓜瘤肿病

【症状】叶片变小，叶柄缩短，幼叶叶尖变褐枯死，叶片可卷曲、脱落，雌花可变雄花，花常枯死。染病果实很小时就大量脱落。留下的果实在幼果期乃至成熟初期均有乳汁流出的症状，且多在果实向阳面流出，流出汁液后果皮会慢慢溃烂、变软，溃烂部分会变褐色，没有溃烂的果实会有瘤状突起，凹凸不平。严重的病果种子退化败育，幼嫩白色种子变成褐色坏死。

番木瓜瘤肿病

【发病原因】主要由土壤缺硼引起，属生理性病害。

【防治方法】可进行土壤施硼或根处施硼，选用硼酸或硼砂。在植株旁挖一小穴，每穴施 2~5g 硼砂，或施 3g 硼酸，施1~2 次。根外施硼可喷 0.2% 硼酸水，每隔 1 周喷 1 次，共喷2~3 次。施放硼砂或硼酸应在番木瓜植株现蕾时完成。

八、番荔枝黑腐病

【症状】果实受害，一般从蒂部开始发病，初为水渍状小圆点，后扩大为褐色圆斑，后期果实腐烂，果实外部木栓化变成黑褐色，然后落果，或变成僵果挂在树上。叶片受害，导致变褐、腐烂落叶。枝梢受害，变褐干枯，呈典型的梢枯状。幼苗受害似青枯病。

番荔枝黑腐病

【病原】　无性阶段为 *Botryodiplodia theothromae* Pat.，称可可球二孢菌，属半知菌亚门真菌。有性阶段为 *Botryosphaeria rhodina*（Cke.）Arx，称柑橘葡萄座腔菌，属子囊菌亚门真菌。

【发生规律】　病菌以菌丝体和分生孢子在病部越冬，翌春温湿度适合时，越冬后的分生孢子或新产生的分生孢子，靠风雨传播引起初侵染，以后逐步蔓延。喜高温高湿，菌丝最适温度32℃。土壤排水不良、管理不善的果园发病较重。

【防治方法】　①增施有机肥，提高树体抗病力。雨季及时排除果园积水可减轻为害。冬季彻底清除枯枝落叶、烂果，集中烧毁，减少越冬病源。②一般在新梢抽生期或谢花坐果期喷药保护，隔15d喷1次，连喷2~3次。药剂可选用：77%可杀得可湿性粉剂600倍液、1%等量式波尔多液、10%世高水分散粒剂1 500倍液等。

第七节　杨梅、莲雾、青枣、火龙果病害

一、杨梅褐斑病

【症状】叶片受害，初期在叶面上出现针头大小的紫红色小点，以后逐渐扩大为圆形或不规则形病斑，中央呈浅红褐色或灰白色，边缘褐色，直径4~8mm。后期在病斑中央长出黑色小点，是病菌的子囊果。当叶片上有较多病斑时，病叶即干枯脱落。受害严重时全树叶片落光，仅剩秃枝，直接影响树势、产量和品质。

杨梅褐斑病叶片症状

【病原】*Mycosphacrcalla myricac* Saw，属子囊菌亚门，座囊菌科的真菌。

【发生规律】病菌以子囊果在落叶或树上的病叶中越冬，翌

年 4 月底至 5 月初，子囊果内的子囊孢子成熟，下雨后释放出来的子囊孢子借风雨传播蔓延。8 月下旬出现新病斑，9—10 月病情加剧，并开始大量落叶。该病一年发生 1 次，病菌在自然条件下，尚未发现无性孢子，但在 PDA 培养基上很容易产生。土壤瘠薄，树势衰弱，5—6 月阴雨天多，排水不良的果园发病重。

【防治方法】①新种植杨梅，尽量选择排水良好、光照充足的山地。种后加强管理，增施有机肥和钾肥。春季剪除枯枝，扫除落叶，减少病害传染源。②5 月下旬，果实采后喷 1 次 0.5%的波尔多液，隔 15d 喷 1 次 70%甲基硫菌灵可湿性粉剂 800 倍液。

二、杨梅根腐病

【症状】有两种类型：①急性青枯型。病树初期症状不甚明显，仅在树体枯死前两个月有所表现。主要是叶色褪绿、失去光泽，树冠基部部分叶片变褐脱落。如遇高温天气，树冠顶部部分枝梢出现失水萎蔫，但次日清晨又能恢复。在 6 月下旬至 7 月下旬采果后，如气温剧升，常会引发树体急速枯死。枯死的病树叶色淡绿，并陆续变红褐色脱落，地下部根系及根颈变深褐腐烂。翌年不能萌芽生长，1~2 年全株枯死。②慢性衰亡型。发病初期，树冠春梢抽生正常，而秋梢很少抽生或不抽生，地下部根系须根较少，逐渐变褐腐烂。后期病情加剧，叶片变小，树冠下部叶大量脱落。在高温干旱季节的中午，树冠顶部枝梢呈萎蔫状，最后叶片逐渐变红褐色而干枯脱落，枝梢枯死，3~4 年全株枯死。

【病原】*Botryosphaeria dothidea*（Moug.）Ces. et De Not.，属座囊菌目，葡萄座腔菌真菌。无性阶段 *Dothiorella* sp.，属球壳孢目，小穴壳菌真菌。

【发生规律】该病先从杨梅根群的须根上发生，后向侧根、

整株枯死

根颈部腐烂

根颈及主干扩展蔓延。在病根的横断面上可见两个褐色坏死环，即为根的形成层和木质部维管束变褐坏死的环，最后导致树体衰败直至枯死。其中急性青枯型主要发生在 10~20 年生的盛果

根腐烂

树上，占枯死树的 70%左右。慢性衰亡型主要发生在衰老树上，从出现病症到全树枯死，需 3~4 年。据调查，该病的发生与栽培管理无相关性，管理精细、生长茂盛的杨梅树也同样患病死亡。

【防治方法】①增施有机肥与钾肥，增强树势，提高抗病能力。改善土壤理化性状，提高土壤通透性。遇到干旱灌水，雨季排水，防止积水。②及时挖除病株并集中烧毁，减少病源。挖除后的植穴，撒上生石灰。③初发病株，挖出侧根，剪去烂根，刮除根部病部，然后选用 50%多菌灵或 70%甲基硫菌灵每株 0.25~0.5kg 加生根粉拌土撒施，同时树冠多次喷射 80%代森锰锌可湿性粉剂 600 倍液、50%多菌灵可湿性粉剂、75%百菌清可湿性粉剂 500 倍液等杀菌剂加叶面肥，促进病株恢复，但重病树无效。

三、莲雾炭疽病

【症状】果实受害，先在果实表面产生稍凹陷的红色小点，然后病斑逐渐扩大呈褐色，果面出现小黑点（分生孢子盘）。潮湿时表面溢出粉红色黏质物（分生孢子）。病情严重时多数病斑融合成大斑，有的破裂。枝条染病产生褐色凹陷斑、叶片染病产生黄褐色干枯小病斑，后扩大为大斑，病部也会生黑色小粒点。

【病原】*Glomerella cingulata*（Stonem.）Spauld. et Schrenk，称围小丛壳，属子囊菌亚门真菌。

【发生规律】莲雾染病叶片脱落后，在枯叶上产生有性态，遇水喷出子囊孢子，侵染莲雾叶片、枝条或果实，台湾南部 11 月至翌年 4 月为旱季发病较少，4—6 月进入雨季，梅雨多，有利于病菌传播蔓延，发病较重。

【防治方法】参考橘炭疽病防治方法。

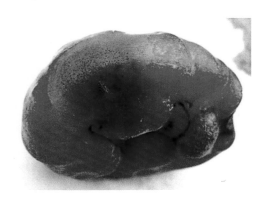

莲雾炭疽病为害果实症状

四、青枣炭疽病

【症状】果实受害，先在果实表面产生淡褐色稍凹陷的病斑，后期果面出现小黑点（分生孢子盘）。潮湿时表面溢出粉红色黏质物（分生孢子），病斑继续发展，致使果实腐烂。叶片受害，叶表面初现近圆形褐斑，病斑扩大连成不规则大斑，后期病部生小黑点，是病菌的分生孢子盘。

【病原】 无性阶段为 *Colletotrichun gloeosporioides* Penz.，称盘长孢状刺盘孢菌。属半知菌亚门，刺盘孢属真菌。

【发生规律】 病菌以菌丝体与分生孢子盘在病部或随病残体遗落土壤中越冬，翌春温湿度适合时，新产生的分生孢子借风雨传播。温暖多湿的环境下容易发病，果园排水差，偏施氮肥，枝叶密蔽，阴雨连绵，发病较重。

【防治方法】 参考柑橘炭疽病。

青枣炭疽病为害果实状

五、青枣白粉病

【症状】 叶片受害，初期正、反两面均可出现少量白色粉状物，然后白粉逐渐增多，严重时叶片失绿，形成淡黄褐色不规则病斑，后期白粉层颜色变为淡黄色，叶片呈黄褐色，易脱落。嫩枝受害时，严重时白色粉状物布满整个枝条，嫩枝呈黄褐色皱缩、枯死。幼果受害，果面初期出现少量白色粉状物，严重时白色粉状物布满全果，后期小果皱缩，变黄褐色而脱落。成果被害，多出现褐色病斑，果面粗糙，大大降低商品价值。

【病原】 无性阶段为 *Oidiun* sp.，为粉孢菌，属半知菌亚门真菌。

青枣白粉病为害枝叶症状

青枣白粉病为害叶片症状

【发生规律】果园潮湿、通风不良、树冠郁蔽的植株，发病重。台湾青枣品种群中，高朗1号、世纪枣、黄冠等抗病性强，碧云种易感白粉病。

【防治方法】加强栽培管理，增施磷、钾肥和有机肥，以增强树势，提高抗病力。采果后，对果树进行重修剪，将发病的

青枣白粉病为害幼果症状

枝条全部剪除并集中烧毁，保持果园通风透光，减少病菌的侵染来源。发病初期，及时喷药，控制病害的扩展和蔓延。药剂可选用：20%粉锈宁乳油1 500~2 000倍液、70%甲基硫菌灵可湿性粉剂1 000倍液、40%胶体硫悬浮剂250倍液、30%醚菌酯可湿性粉剂1 000~2 000倍液等。

六、火龙果桃吉尔霉果腐病

【症状】果实受害，初期在果实表面上产生浅褐色至褐色水

火龙果桃吉尔霉果腐病幼果症状

溃状病斑，后病斑迅速扩展，呈湿腐状，直至全果腐烂，条件适宜时在病部表面可见灰色毛绒状霉层，即为病原菌子实体。

【病原】 桃吉尔霉 *Gilbertella persicaria*（Eddy）Hesseltine，称桃吉尔霉，属接合菌亚门，吉尔霉属真菌。

【发生规律】病原菌以菌丝体在病部越冬，翌春条件适宜时产生分生孢子，借风雨传播，适温 25~35℃，高温多雨利于病害发生流行。

【防治方法】参考溃疡病的防治。

七、火龙果黑斑病

【症状】茎干受害，初期在茎干表皮形成中央褐色、外围蜡黄色革质状的疮痂斑，圆形或不规则形，后期病斑中央褐色部分结痂状翘起或脱落，病斑上可见黑色小点（病原菌子实体），发病重时病斑连成片，并产生黑色霉状物，形成黑斑。

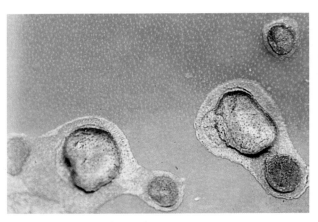

火龙果黑斑病初期症状

【病原】*Alternaria* sp.，属半知菌亚门，链格孢属真菌。

【发生规律】病原菌以菌丝体或分生孢子在病部或病残体上

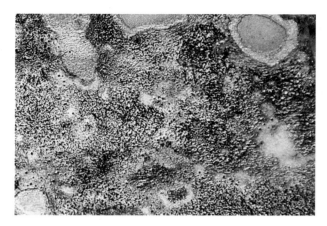

火龙果黑斑病后期症状

越冬，病菌分生孢子借风雨或昆虫传播，高温多雨有利发病。

【防治方法】参考溃疡病的防治。

八、火龙果茎腐病

【病原】*Fusarium semitectum*，称半裸镰孢；*F. oxysporum*，称尖镰孢；*F. moniliforme*，称串珠镰孢。属半知菌亚门，镰孢属真菌。

【症状】茎部受害，茎组织变褐软化，严重时组织溃烂，病斑处凹陷，茎脊常见缺刻状病症，有时仅剩中央维管束组织。

【发生规律】病原菌以菌丝体、分生孢子或厚垣孢子在病部或病残体上越冬，病菌分生孢子借风雨或昆虫传播，高温多雨有利发病。

【防治方法】参考溃疡病的防治。

九、火龙果茎斑病

【症状】茎部受害，初期在棱茎表面或茎脊上形成灰褐色结痂状病斑，后期病斑中央呈灰白色，上生许多黑色小粒点（病原菌子实体），也可造成茎干缺刻状或仅剩中央维管束组织。

【病原】 *Phomopsis* sp.，称拟茎点霉属真菌；*Septogloeum* sp.，称黏隔孢属真菌。*Ascochyta* sp.，称壳二孢，均属半知菌亚门真菌。*Epicoccum nigrum*，称黑附球菌，属半知菌亚门，附球菌属真菌。*Botryosphaerla* sp.，称葡萄座腔菌，属子囊菌亚门真菌。

【发生规律】 病原菌以菌丝体、分生孢子或厚垣孢子在病部或病残体上越冬，病菌分生孢子借风雨或昆虫传播，高温多雨有利发病。

【防治方法】 参考溃疡病的防治。

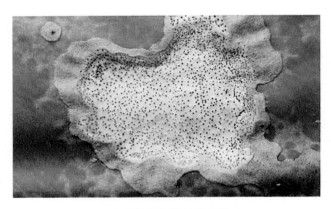

火龙果茎斑病后期症状

第八节　木菠萝

一、木菠萝炭疽病

【症状】 叶片受害，先从叶尖、叶缘开始发病，病斑为半圆形或不规则形，褐色至暗褐色坏死。果实受害，初呈褐色小斑，后扩展成圆形或不规则形褐斑，导致果实变褐腐烂，后期在病部上长有许多小黑点（病菌的子实体）。

【病原】有性阶段为 *Glomerella cingulata*（Stonem.）Spauld. et Schrenk，称围小丛壳菌，属子囊菌亚门。无性世代为 *Colletotrichum gloeosporioides* Penz.，称盘长孢状刺盘孢菌，属半知菌亚门，刺盘孢属真菌。

【发生规律】病菌以菌丝体在病枝、病叶及病果上越冬。翌年越冬的病菌作为初次侵染来源，侵染嫩叶及幼果，病菌侵入后在幼果内潜伏，待果实成熟时便开始发病。一般果园田间管理不善、树势弱，病害都会较为严重。

木菠萝炭疽病病果症状

【防治方法】①农业措施：加强管理，收果后，应进行松土，增施有机肥料，尽量剪除树上的病枝叶及病果。②化学防治：花期及幼果期要喷药保护。药剂可选用：50%多菌灵可湿性粉剂 500～600 倍液、10%世高水分散粒剂（苯醚甲环唑）1 000倍液、40%灭病威胶悬剂 500 倍液、50%克菌丹可湿性粉剂 500 倍液、75%百菌清可湿性粉剂 600～800 倍液。

二、木菠萝灰霉病

【**症状**】叶片受害，自叶缘开始，发生褐色、水渍状病斑。花受害，呈花腐。幼果受害，出现褐色、水渍状、果软腐，并长出灰色毛绒霉状物，挂在树上或脱落。

木菠萝小果灰霉病症状

【**病原**】*Botrytis cinerea* Pers，称灰葡萄孢菌，属半知菌亚门，葡萄孢属真菌。

【**发生规律**】病菌以菌丝体在病残组织中越冬。翌年春开花结果时，随气流传播，侵入寄主组织为害。开花期、幼果期遇多雨、低温、高湿容易发病。

【**防治方法**】①田间病残体及时清除，集中烧毁。②花期及幼果期喷药保护。药剂可选用：50%多菌灵可湿性粉剂 500～600 倍液、70%甲基硫菌灵可湿性粉剂 800 倍液、50%凯泽（啶酰菌胺）水分散粒剂 1 200～1 500 倍液、80%大生 M-45 可湿性粉剂

600~800 倍液、75%百菌清可湿性粉剂 600~800 倍液等。

三、木菠萝裂果症状

【症状】 为生理性病害。果实在接近成熟时常产生裂果，多表现为纵向开裂，少数为横向开裂。裂开的果肉初呈黄白色，稍后果肉会长出黑色霉状物而变黑甚至腐烂。

木菠萝裂果症状

【发病条件】 6—8 月果熟期，久旱遇雨或久雨骤晴，温度和湿度剧烈变化，容易诱发裂果。

【预防方法】 久旱时注意喷水和喷叶面肥。雨季注意排水，防止受涝和积水。增施有机肥和磷钾肥。

第九节　猕猴桃病害

一、猕猴桃黑斑病

【症状】 叶片受害，初期病叶面上出现黄色褪绿斑，以后逐渐变成黄褐色或褐色坏死斑，病斑多呈圆形或不规则形，后期遇潮湿天气病斑上长出黑绒球状霉丛；叶背面病斑的霉层较稀疏，以后小病斑联合成大病斑，整叶枯萎，脱落。枝蔓受害，病部表皮出现黄褐色或红褐色水渍状的纺锤形或椭圆形病斑，稍凹陷或肿胀，后纵裂呈溃疡状病斑，病部表皮或坏死组织产

狝猴桃黑斑病为害状

生黑色小粒点或灰色绒霉层。果实受害初为灰色绒毛状小霉斑，逐渐扩大，绒霉层脱落，形成 0.2～1.0cm 的近圆形凹陷病斑，刮去表皮可见果肉呈褐色至紫褐色坏死，形成锥状硬块。果实后熟期间果肉最早变软发酸，不堪食用。

【病原】有性阶段为称小球腔菌，属子囊菌亚门真菌。无性阶段为 *Pseudocercospora actinidiae* Deighton，称假尾孢菌，属半知菌亚门真菌。

【发生规律】病菌以菌丝体和有性子实体在枝蔓病部和病株残体上越冬。翌年条件适宜时，在枝蔓病部产生子囊孢子和分生孢子，然后再行侵染。远距离靠带病苗木传播，近距离借气流传播。阴蔽潮湿、通风透光条件差的果园发病严重。

【防治方法】①冬季彻底清园，结合修剪，彻底清除枯枝、落叶，剪除病枝，消除病源。②春季萌芽前喷布 1 次 3～5 波美度石硫合剂。③花芽膨大至终花期进行第一次喷药，可用 70%甲基硫菌灵可湿性粉剂 1 000 倍液，以后每隔 15～20d 喷 1 次，

连续喷药 4~5 次，基本可控制此病害发生。

二、猕猴桃果实熟腐病

【症状】猕猴桃果实熟腐病又称腐烂病，在收获的果实一侧出现类似大拇指压痕斑，微微凹陷、褐色、酒窝状，直径大约 5mm，其表皮并不破，剥开皮层显出微淡黄色的果肉，病斑边缘呈暗绿色或水渍状，中间常有乳白色的锥形腐烂，数天内可扩展至果肉中间乃至整个果实腐烂。

猕猴桃果实熟腐病为害状

【病原】*Botryosphaeria dothidea*（Moug.）Ces. et De Not.，称葡萄座腔菌，属子囊菌亚门真菌。

【发生规律】病菌以菌丝体或子囊腔越冬。翌春气温回升后，新产生的分生孢子或子囊孢子借风雨传播，侵害花或幼果，在果内潜伏，直至果实后熟期才呈现症状。土壤排水不良、肥水不足、氮肥过多、树势衰弱的果园发病较重。

【防治方法】①修剪的枝条和枯枝落叶，集中烧毁，减少病源。②幼果套袋：谢花后 1 周开始幼果套袋，避免侵染。③从谢花后两周至果实膨大期，15d 喷 1 次药。药剂可选用：50%的多菌灵 800 倍液、50%甲基硫菌灵可湿性粉剂 800 倍液、77%可杀得可湿性粉剂 600 倍液、1%等量式波尔多液等。

三、猕猴桃灰纹病

【症状】叶片受害，病斑多从叶片中部或叶缘开始发生，圆形或近圆形，病健交界不明显，灰褐色，具轮纹，上生灰色霉状物，病斑较大，常为 1~3cm，春季发生较普遍。

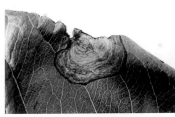

猕猴桃灰纹病为害叶片

【病原】*Clacbsporium oxysporum* Berk et Crut.，称芽枝霉菌，属半知菌亚门真菌。

【发生规律】病菌以菌丝在病残组织内越冬，翌年 3—4 月产生分生孢子，依靠风雨传播，飞溅于叶面，在露滴中萌发，从气孔侵入为害，进而又产生分生孢子进行复侵染，直至越冬。

【防治方法】清除病叶，减少初侵染源。生长期喷洒 80%代森锰锌可湿性粉剂 800 倍液。

四、猕猴桃根腐病

【症状】根部受害，初期在根颈部出现暗褐色水渍状病斑，逐渐扩大后产生白色绢丝状菌丝。病部皮层和木质部逐渐腐烂，有酒糟气味，菌丝大量发生后经 8~9d 形成菌核，似油菜籽大小，淡黄色。

根系逐渐变黑腐烂。地上部叶片变黄脱落，树体萎蔫死亡。

【病原】*Armillariella mellea*（Vahl ex Fr.）Karst，属担子菌纲，密环菌属真菌。

猕猴桃根腐病症状

【发生规律】病菌卵孢子在根部病组织皮层内越冬或随病残组织在土壤中越冬，近距离传播，靠病残体接触，或随耕作和地下昆虫传播。远距离传播，靠带病苗木。翌春气温回升，遇雨开始发病，气温达25℃时，进入发病高峰期。高温高湿季节，果园积水，施肥距主根较近或施肥量大，翻地时造成大的根系损伤，栽植过深，土壤板结，挂果量大，土壤养分不足，栽植时苗木带菌，这些情况都容易引发根腐病。

【防治方法】①雨季及时排水、及时中耕除草，避免肥害和大的根系损伤，促进根系生长。②药物防治：成株发病，在早春和夏末进行扒土晾根，刮治病部或截除病根，然后用30%DT（琥胶肥酸铜）悬浮剂100倍液、70%噁霉灵可湿性粉剂2 000~3 000倍液、40%的多菌灵悬浮剂500倍液灌根，药用量0.3~0.5kg/株。并喷施叶面肥。受害严重的病株，及时挖除。

五、猕猴桃线虫病

【症状】主要为害根系，受害嫩根上产生大小不等的圆形或念珠状的根瘤，数个愈合成根结团。根瘤初期白色，后变为浅褐色，再变为深褐色，最后变成黑褐色。受根结线虫为害的植株根系发育不良，长势不旺，叶发黄，提早落叶，结果少，果小品质差。重病树常突然萎蔫枯死。

【病原】*Meloidogyne javanica*、*Meloidogyne incognita*，本病属

猕猴桃线虫病症状

垫刃目，垫刃亚目，根结科，根结线虫属。由爪哇根结线虫和南方根结线虫组成的混合种群，但以爪哇根结线虫为优势种。

【**发生规律**】以成虫、幼虫和卵在土壤中或受害根部越冬。远距离传播，靠带病苗木。带病土壤和病根，是主要初侵染来源。翌年借雨水传播，以二龄幼虫侵染新根辗转为害。雌成虫产卵于体末端胶质囊内或土壤中，卵经一段时间孵化为幼虫。适温（20~25℃）、有一定湿度，利于幼虫侵入根部和繁殖。沙质土壤发病较重。

【**防治方法**】①引进种苗应严格检疫。定植地及苗圃地避免原来种过猕猴桃、葡萄、番茄的地块，最好采用水旱轮作地作苗圃地和定植地。要重视植株的整形修剪，合理密植，改善园内通风透光条件。一经发现病苗及重病树要挖出烧毁。②药剂防治：患病轻的种苗可先剪去发病的根，然后将根部浸泡在0.5%阿维菌素溶液中1h。对有根结线虫的园地定植前每667m²用10%噻唑膦颗粒剂3~5kg，进行沟施，然后翻入土中。猕猴桃园中发现轻病株可在病树冠下5~10cm的土层撒施10%噻唑膦颗粒剂（每667m²撒入3~5kg），施药后浇水，也有防治效果。

第十节 无花果病害

一、无花果锈病

【症状】叶片受害，背面初生黄白色至黄褐色小疱斑，后疱斑表皮破裂，散出锈褐色粉状物，即夏孢子堆和夏孢子。严重时病斑融合呈块斑，造成叶片卷缩、焦枯或脱落。

无花果锈病叶面症状

无花果锈病叶背症状

【病原】*Phakopsora fici-erectae* Ito et Otani，称天仙果层锈菌，

无花果锈病叶背后期症状

属担子菌亚门，层锈菌属真菌；*Uredo sawadae* Ito，属担子菌亚门，夏孢锈菌属真菌。

【发生规律】以菌丝体和夏孢子堆在病部越冬，夏孢子借气流传播。7—8月条件适宜时开始侵染，主要发生在8—9月。降雨日多、降水量大，以及偏施氮肥的植株发病重。

【防治方法】①修剪过密枝条，以利通风透光。雨后及时排水，严防湿气滞留。冬季注意清除病叶，集中深埋或烧毁。②发病初期喷药保护，药剂可选用：25%粉锈宁可湿性粉剂1 000~1 500倍液、20%三唑酮乳油2 000倍液、25%敌力脱乳油3 000倍液等。

二、无花果炭疽病

【症状】初期出现褐色小点，后逐渐扩大为近圆形或不规则形褐色病斑，稍凹陷，中间转为灰褐色。病健分界清楚。

【病原】*Gloeosporium* sp.，属半知菌亚门真菌。

【发生规律】病菌以菌丝体和分生孢子在病残组织中越冬。以分生孢子借风雨传播，进行初次侵染与再次侵染。温暖潮湿的天气或通透性差的果园容易发病。

无花果炭疽病病果

【防治方法】参考木菠萝炭疽病的防治。

第十一节　西番莲病害

一、西番莲褐斑病

【症状】果实受害，初期果面出现油渍状小斑，后逐渐扩展为淡褐色圆斑，边缘水渍状，后期病斑色泽转深，其上长出黑色小点（分生孢子器）。叶片受害，症状与果实相似。

【病原】*Phomopsis passiflorae* Lue et Chi，属半知菌亚门，拟茎点霉属真菌。

【发生规律】以分生孢子器在病部越冬，翌春散出分生孢子，借风雨传播侵入果实、叶片为害。

【防治方法】①冬季清园，扫除枯枝落叶，集中烧毁，减少病源。②化学防治。生长季节和开花 2/3 时开始喷药保护。药剂可选用：50%多菌灵可湿性粉剂 800 倍液、70%甲基硫菌灵可湿性粉剂 800 倍液、53.8%可杀得 2000 干悬浮剂 900~1 000 倍液或 1：1：100 波尔多液等。

西番莲褐斑病病叶初期症状

西番莲褐斑病病果初期症状

二、西番莲病毒病

【症状】叶片受害，表现皱缩、畸形、花叶，有鲜艳的黄色斑驳。果实受害，果面有圆形环斑，外果皮变厚、变硬、木质化、畸形。全株生长不良，结实率明显下降。

【病原】Passion fruit virus（PFV），称西番莲病毒。

【发生规律】蚜虫及嫁接等方式传毒。

【防治方法】①严格检疫，发现病苗及时烧毁。②培育和种植无病苗。③及时防治蚜虫。

西番莲病毒病初期症状

西番莲病毒病皱缩畸形症状

第十二节　桃、李、梅病害

一、桃炭疽病

【症状】幼果被害，果面呈暗褐色，发育停滞，萎缩硬化。稍大的果实发病，初生淡褐色水渍状斑点，以后逐渐扩大，呈红褐色，圆形或椭圆形，稍凹陷，病斑上有橘红色的小粒点（分生孢子盘）长出。被害的幼果，除少数干缩成为僵果，留在枝上不落外，大多数都在 5 月间脱落。果实将近成熟时染病，开始在果面产生淡褐色小斑点，逐渐扩大，成为圆形或椭圆形的红褐色病斑，显著凹陷，其上散生橘红色小粒点，并有明显的同心环状皱纹。最后病果软化腐败，多数脱落。叶片受害，产生近圆形或不规则形淡褐色的病斑，病、健分界明显，后病斑中部有橘红色至黑色的小粒点长出。

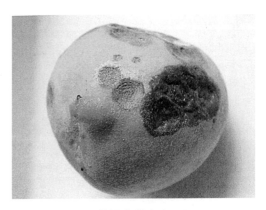

桃果实炭疽病

【病原】无性世代为 *Colletotrichum gloeosporioids* Penz.，异名 *Gloeosporium laeticolor* Berk，称盘长孢状刺盘孢，属半知菌亚门

真菌。

【发生规律】病菌以菌丝体在病梢组织内越冬，也可以在树上的僵果中越冬。翌年春季形成分生孢子，借风雨或昆虫传播，为害幼果及新梢，为初次侵染。以后于新生的病斑上产生孢子，引起再次侵染。雨水是传病的主要媒介。桃树开花期及幼果期低温多雨，有利于发病。果实成熟期，则以温暖、多云、多雾、高湿的环境发病严重。

【防治方法】①冬季或早春剪除病枝梢及残留在枝条上的僵果，并清除地面落果。适当增施磷、钾肥，促使桃树生长健壮，提高抗病力。②早春桃芽刚膨大尚未展叶，喷洒 2 次 3~4 波美度石硫合剂混合 0.3%五氯酚钠。落花后 7~10d 喷 1 次，连喷4~5 次。药剂可选用：70%甲基硫菌灵超微可湿性粉剂 1 000 倍液、10%苯醚甲环唑水分散粒剂（世高）1 000~1 500 倍液、25%阿米西达悬浮剂（嘧菌酯）1 000~1 500 倍液等。

二、桃褐腐病

【症状】果实受害，最初在果面产生褐色圆形小病斑，如环境适宜，病斑在数日内便可扩及全果，果肉也随之变褐软腐烂，后在病斑表面生出灰褐色绒状霉丛，常呈同心轮纹状排列，病果腐烂后易脱落，但不少失水后变成僵果，悬挂枝上经久不落。花部受害，自雄蕊及花瓣尖端开始，先发生褐色水渍状斑点，后逐渐延至全花，随即变褐而枯萎。天气潮湿时，病花迅速腐烂，表面丛生灰霉，若天气干燥时则萎垂干枯，残留枝上，长久不脱落。嫩叶受害，自叶缘开始，病部变褐萎垂，最后病叶残留枝上。

【病原】*Sclerotinia fructicola*（Wint.）Rehm.，称果生核盘菌，属子囊菌亚门真菌。无性阶段为 *Monilia fructicola* Poll.，称果生丛梗孢。

【发生规律】病菌以菌丝体或菌核在僵果或枝梢的溃疡部越

桃褐腐病为害果实后期症状

冬。翌年春季形成分生孢子，借风雨或昆虫传播，引起初次侵染。以后于新生的病斑上产生孢子，引起再次侵染。桃树开花期及幼果期如遇低温多雨，果实成熟期逢温暖、多云多雾、高湿度的环境条件，发病严重。前期低温潮湿容易引起花腐，后期温暖多雨、多雾则易引起果腐。

【防治方法】①消灭越冬菌源。②及时防治害虫：如桃象虫、桃食心虫、桃蚜螨、桃椿象等虫害，减少伤口。③桃树发芽前喷布5波美度石硫合剂或45%晶体石硫合剂30倍液。落花后10d左右喷布65%代森锌可湿性粉剂500倍液、50%多菌灵1 000倍液、70%甲基硫菌灵800~1 000倍液等。

三、桃黑星病

桃黑星病又称疮痂病。

【症状】果实受害，多在肩部产生暗褐色圆形小点，逐渐扩大至2~3mm，后呈黑色痣状斑点，严重时病斑聚合成片。病菌扩展一般仅限于表皮组织。当病部组织坏死时，果实仍继续生长，病斑处常出现龟裂，呈疮痂状，严重时造成落果。枝梢发病，病斑暗绿色，隆起，常发生流胶，病健组织界限明显。叶片受害，开始于叶背，形成不规则多角形灰绿色病斑，以后病斑干枯脱落，形成穿孔，严重时引起落叶。

桃黑星病为害果实症状

【病原】 *Fusicladiun carpophilum*（Thum） Oud. ，称嗜果枝孢菌，属半知菌亚门真菌。

【发生规律】病菌以菌丝体在枝梢的病部越冬。翌年4月下旬至5月中旬形成分生孢子，成为初次侵染来源，经风雨传播，病菌侵染果实时潜育期可达40~70d，侵染新梢和叶片为25~45d。4—6月多雨潮湿发病重。地势低洼潮湿、栽植过密或树冠郁闭利于病害的发生。

【防治方法】①冬剪，剪除病枝梢，集中烧毁，减少越冬病源。重视夏剪，加强内腔修剪，促进通风透光，降低果园湿度。②药剂防治参见桃褐腐病。

四、桃白粉病

【症状】叶片受害，初现近圆形或不定形的白色霉点，后霉点逐渐扩大，发展为白色粉斑，粉斑可互相连合为斑块，严重时叶片大部分乃至全部为白粉状物所覆盖，恰如叶面被撒上一薄层面粉一般。被害叶片褪黄，甚至干枯脱落。

桃白粉病为害叶片

桃白粉病为害叶片症状

【病原】*Podosphaera tridactyla*（Wallr.）de Bary.，属子囊菌亚门，叉丝单囊壳属；另一种 *Sphaerotheca pannosa* var. *persicae* Woron.，属子囊菌亚门，桃单壳丝菌。两个菌属的无性阶段均为 *Oidiun* spp.，半知菌亚门的粉孢属真菌。

【发生规律】在广东，桃白粉病菌以无性态的分生孢子作为初次侵染和再次侵染的接种体，借气流传播侵染致病，完成病害周年循环，病害越冬期也不明显。在长江流域和长江以北的桃产区，白粉病初侵染接种体为子囊孢子，再次侵染接种体为分生孢子，以菌丝体和闭囊壳越冬。在这些病区，桃白粉病的病征，前期为粉状物，后期为小黑粒（闭囊壳）。

桃白粉病为害叶果症状

【防治方法】药剂防治可选用：50%三唑酮硫悬浮剂 1 000~1 500倍液、70%硫菌灵可湿性粉剂 800 倍液、45%晶体石硫合剂 300 倍液、40%多硫悬浮剂 600 倍液、40%三唑酮多菌灵可湿性粉剂 1 000倍液、30%醚菌酯可湿性粉剂 1 500~2 000倍液，连喷 2~3 次。

五、桃侵染性流胶病

【症状】新枝受害，以皮孔为中心树皮隆起。出现直径 1~4mm 的疣状物，其上散生针头状小黑点，即病菌分生孢子器。大枝及树干受害，树皮表面龟裂，粗糙，后瘤皮开裂陆续溢出树脂，透明、柔软状，树脂与空气接触后，由黄白色变成褐色、红褐色至茶褐色硬胶块。病部易被腐生菌侵染，使皮层和木质部变褐腐朽，树势衰弱，叶片变黄，严重时全株枯死。果实受害，由果核内分泌黄色胶质，溢出果面，病部硬化，有时龟裂，严重影响桃果品质和产量。

桃侵染性流胶病为害主干症状

【病原】 *Botryosphaeria ribis* Tose Grossenb. et Duggar，属子囊菌亚门真菌。

【发生规律】 病菌以菌丝体和分生孢子器在被害枝干部越冬，翌年3月下旬至4月中旬产生分生孢子，通过风、雨传播，从皮孔、伤口侵入。1 年中有两个发病高峰，分别在 5、6 月间和 8、9 月间。当气温 15℃ 左右时，病部即可渗出胶液，随气温上升，树体流胶点增多。一般直立生长的枝干基部以上部位受害严重，侧生枝干向地表的一面重于向上的部位，枝干分杈处受害亦重；土质瘠薄，肥水不足，负载量大，均可诱发该病。黄桃系统较白桃系统感病。

【防治方法】①结合冬剪，彻底清除被害枝梢；桃树萌芽前，用抗菌剂 402 100 倍液涂刷病斑，杀灭越冬病菌，减少初侵染源。②加强桃园管理，增强树势。低洼积水地注意开沟排水，增施有机肥及磷、钾肥，合理修剪，控制树体负载量，以增强树势，提高抗病力。③在桃树生长期喷药，每隔 15d 喷 1 次，药剂可选用：0.3 波美度石硫合剂、65%代森锌可湿性粉剂 500 倍液、50%混杀硫悬浮剂 500 倍液、50%甲基硫菌灵或 50%硫黄悬浮剂 800 倍液等。

桃侵染性流胶病为害严重，胶掉落满地

桃侵染性流胶病为害主枝症状

六、桃非侵染性流胶病

【症状】桃非侵染性流胶病又称生理性流胶病。主干和主枝受害，初期病部稍肿胀，早春树液开始流动时，从病部流出半透明黄色树胶，尤其雨后流胶现象更为严重。流出的树胶与空气接触后，变为红褐色，呈胶胨状，干燥后变为红褐色至茶褐色的坚硬胶块。病部易被腐生菌侵染，使皮层和木质部变褐腐烂，严重时枝干或全株枯死。果实受害，果核内分泌黄色胶质，溢出果面，病部硬化，严重时龟裂，不能生长发育，无食用价值。

【发生规律】一般4—10月，雨季特别是长期干旱后骤降暴雨，树龄大的桃树发病严重，幼龄树发病轻。果实流胶与虫害有关，椿象为害是果实流胶的主要原因。沙壤和砾壤土栽培流胶病很少发生，黏壤土和肥沃土栽培流胶病易发生。

【防治方法】①加强桃园管理，增强树势。增施有机肥，少施或不施氮肥，低洼积水地注意排水，酸性土壤应适当施用石灰或过磷酸钙，改良土壤。修剪在休眠期进行，减少枝干伤口。

桃非侵染性流胶病（雨后流胶）

②防治桃树上的害虫如介壳虫、蚜虫、天牛等。冬春季树干涂白，预防冻害和日灼伤。③发芽前喷 5 波美度石硫合剂。

七、桃细菌性穿孔病

【症状】叶片受害，叶片上出现水渍状小点，逐渐扩大呈紫褐色至黑褐色病斑，周围呈水渍状黄绿晕环，随后病斑干枯脱落形成穿孔，引起大量早期落叶和枝梢枯死。

【病原】*Xanthomonas campestris* pv. *pruni*（Smith）Dye，异名 *Xanthomonus pruni*（Smith）Dowson.，属黄单胞杆菌属细菌。

桃非侵染性流胶病（缺硼流胶）

桃非侵染性流胶病

【发生规律】病原菌主要在枝梢的溃疡斑内越冬，翌年春随气温上升，从溃疡斑内流出菌液，借风雨和昆虫传播，经叶片

桃细菌性穿孔病为害症状

气孔和枝梢皮孔侵染，引起当年初次发病，一般3月开始发病，10—11月多在被害枝梢上越冬。温度适宜、雨水频繁、多雾季节、土壤瘦瘠、排水不良、偏施氮肥、果园郁闭发病较重。

【防治方法】①注意开沟排水，达到雨停水干，降低空气湿度。增施有机肥和磷钾肥，避免偏施氮肥。②适当增加内膛疏枝量，改善通风透光条件，促使树体生长健壮。③冬季清园修剪，彻底剪除枯枝、病梢，及时清扫落叶、落果等，集中烧毁，消灭越冬菌源。④发芽前喷5波美度石硫合剂，或用1：1：100倍式波尔多液铲除越冬菌源。发芽后喷10%农用硫酸链霉素可湿性粉剂1 000倍液。幼果期喷代森锌600倍液，或用10%农用硫酸链霉素1 000倍液，6月末至7月初喷第1次，15~20d喷1次，共喷2~3次。

八、桃真菌性穿孔病

【症状】叶片受害，初生圆形、紫色或紫红色小斑，逐步扩大呈褐色近圆形或不规则形，大小 2～6mm，后期病斑上长出灰褐色霉状物，中部干枯脱落，形成穿孔，穿孔的边缘整齐，穿孔多时叶片脱落。新梢、果实染病，症状与叶片相似。

桃真菌性穿孔病为害症状

【病原】 *Clasterosporium carpophihim*（Lev.）Aderh，称嗜果刀孢菌，属半知菌亚门真菌，异名 *Coryneun beyerinckii* Oud；另一种 *Cercospora circumscissa* Sacc.，称核果尾孢霉，属半知菌亚门真菌，异名 *Cercospora cerasella* Sacc. 。

【发生规律】 病菌以菌丝体在病部越冬。翌春条件适宜产生分生孢子，借风雨传播，适温 25～28℃，低温多雨利于病害发生和流行。

【防治方法】 ①及时剪除病枝，彻底清除病叶，烧毁或深埋。桃树萌芽前，喷施 1 次 80%五氯酚钠 300 倍液。如需防治越冬害虫，可加进 3～5 波美度石硫合剂混合使用。喷药时间桃芽鳞片膨大，但尚未露出绿色细嫩组织时最好。②于早春喷洒50%甲基硫菌灵可湿性粉剂 500 倍液、70%代森锰锌干悬粉 500倍液、50%苯菌灵可湿性粉剂 1 500～2 000倍液、1：1：（100～

160）（硫酸铜：石灰粉：水）波尔多液等。

九、桃木腐病

【症状】主要为害枝干心材，使木质腐朽。然后长出不同形状的病原子实体，使树势衰弱，叶发黄早落，严重时全株枯死。

【病原】真菌，担子菌亚门层菌纲的几种菌：①伞菌目彩绒革盖菌 *Coriolus versicolar* Quel，②伞菌目裂褶菌 *Schizophyllum commune* Fr.，③非裕菌目暗黄层孔菌 *Fomes fulvus*（Scop.）Gill.，称暗黄层孔菌，属担子菌亚门真菌。

【发生规律】病菌以菌丝体在病部越冬。在被害部产生子实体，形成担孢子，借风雨传播，通过锯口或虫伤等伤口侵入。老树、病虫弱树及管理不善的桃园常发病严重。

桃木腐病长出子实体

【防治方法】①加强果园管理，及早铲除病残株烧毁，对衰弱树增施肥料。②伤口涂药保护，伤口可用1%硫酸铜液消毒，再涂波尔多浆或煤焦油等保护。③随时检查，刮除病部子实体，清除腐朽木质，用煤焦油消毒保护，以消石灰与水和成糊状堵塞树洞。

十、李红点病

【症状】为害果实和叶片。叶片染病时，先出现橙黄色、稍隆起的近圆形斑点，后病部扩大，病斑颜色变深，出现深红色的小粒点。后期病斑变成红黑色，正面凹陷，背面隆起，上面出现黑色小点。发病严重时，病叶干枯卷曲，引起早期落叶。果实受害，果面产生橙红色圆形病斑，稍凸起，边缘不明显，初为橙红色，后变为红黑色，散生深色小红点。

李红点病为害叶片初期症状

【防治方法】在李树开花末期至展叶期，喷施下列药剂：

1:2:200 倍式波尔多液；

50%琥胶肥酸铜可湿性粉剂 500~600 倍液；

14%络氨铜水剂 300~500 倍液。

从李树谢花至幼果膨大期，连续喷施下列药剂：

65%代森锌可湿性粉剂 500~600 倍液+50%多菌灵可湿性粉剂 500 倍液；

80%代森锰锌可湿性粉剂 500 倍液+50%异菌脲可湿性粉剂

李红点病为害叶片后期症状

8 000倍液；

　　75%百菌清可湿性粉剂 1 000 倍液+40%氟硅唑乳油 5 000 倍液；

　　70%代森锰锌可湿性粉剂 800 倍液+10%苯醚甲环唑水分散粒剂 2 500倍液等，间隔 10 天左右，遇雨要及时补喷，可有效防治李树红点病。

十一、李袋果病

　　【症状】　主要为害果实，也为害叶片、枝干。在落花后即显症，初呈圆形或袋状，后变狭长略弯曲，病果表面平滑，浅黄至红色，失水皱缩后变为灰色、暗褐色至黑色，冬季宿留树枝上或脱落。病果无核，仅能见到未发育好的雏形核。叶片染病，在展叶期变为黄色或红色，叶面肿胀皱缩不平，变脆。枝梢受害，呈灰色，略膨胀，弯曲畸形、组织松软；病枝秋后干枯死亡，发病后期湿度大时，病梢表面长出一层银白色粉状物。第二年在这些枯枝下方长出的新梢易发病。

　　【防治方法】　掌握李树开花发芽前，可喷洒下列药剂：

李袋果病为害果实初期症状

李袋果病为害果实后期症状

3~4 波美度石硫合剂；

1∶1∶100 等量式波尔多液；

77%氢氧化铜可湿性粉剂 500~600 倍液；

30%碱式硫酸铜胶悬剂 400~500 倍液；

45%晶体石硫合剂 30 倍液，以铲除越冬菌源，减轻发病。

自李芽开始膨大至露红期，可选用下列药剂：

65%代森锌可湿性粉剂 400 倍液+50%苯菌灵可湿性粉剂

1 500倍液；

70%代森锰锌可湿性粉剂 500 倍液+70%甲基硫菌灵可湿性粉剂 500 倍液等，每 10~15 天喷 1 次，连喷 2~3 次。

十二、李侵染性流胶病

【症状】主要为害枝干。一年生嫩枝染病，初产生以皮孔为中心的疣状小凸起，渐扩大，形成瘤状凸起物，其上散生针头状小黑粒点，即病菌分生孢子器。被害枝条表面粗糙变黑，并以瘤为中心逐渐下陷。严重时枝条凋萎枯死。多年生枝干受害产生"水泡状"隆起，并有树胶流出。

李侵染性流胶病为害枝干初期症状

李侵染性流胶病为害枝干后期症状

【防治方法】加强果园管理，增强树势。增施有机肥，低洼积水地注意排水，改良土壤，盐碱地要注意降盐排盐，合理修剪，减少枝干伤口。预防病虫伤口。

药剂防治可参考桃树侵染性流胶病。

十三、李疮痂病

【症状】主要为害果实，亦为害枝梢和叶片。果实发病初期，果面出现暗绿色圆形斑点，逐渐扩大，至果实近成熟期，病斑呈暗紫或黑色，略凹陷。发病严重时，病斑密集，聚合连片，随着果实的膨大，果实龟裂。新梢和枝条被害后，呈现长圆形、浅褐色病斑，继后变为暗褐色，并进一步扩大，病部隆起，常发生流胶。病健组织界限明显。叶片受害，在叶背出现不规则形或多角形灰绿色病斑，后转色暗或紫红色，最后病部干枯脱落而形成穿孔，发病严重时可引起落叶。

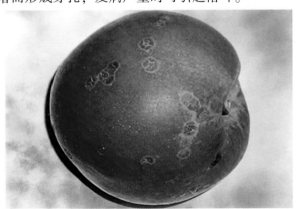

李疮痂病为害果实症状

【防治方法】早春发芽前将流胶部位病组织刮除，然后涂抹45%晶体石硫合剂30倍液，或喷3~5波美度石硫合剂加80%的五氯酚钠原粉200~300倍液，或用1：1：100等量式波尔多液，铲除病原菌。

李树腐烂病为害枝条症状

生长期于 4 月中旬至 7 月上旬，每隔 20 天用刀纵、横划病部，深达木质部，然后用毛笔蘸药液涂于病部。可用下列药剂：

70%甲基硫菌灵可湿性粉剂 600～800 倍液+50%福美双可湿性粉剂 300 倍液；

80%乙蒜素乳油 50 倍液；

1.5%多抗霉素水剂 100 倍液处理。

十四、梅真菌性穿孔病

症状、病原、发生规律及防治方法见本节桃真菌性穿孔病。

梅真菌性穿孔病

十五、梅轮纹病

【症状】叶片受害，产生圆形或近圆形病斑，边缘有 2～3

圈红褐色轮纹，中间灰白色，后期病斑出现黑色小点，即病菌的分生孢子盘。

梅轮纹病为害叶片症状

【病原】*Pestalotiopsis adusta* （Ell. et Ev.） Stey.，称茶褐斑拟盘多毛孢，属半知菌亚门真菌。

【发生规律】病菌主要以分生孢子在叶上病斑组织中越冬，翌春条件适宜产生分生孢子，借风雨传播。

【防治方法】参考桃炭疽病。

第十三节　柿、梨、板栗病害

一、柿炭疽病

【症状】果实受害，初期果面出现深褐至黑褐色斑点，逐渐扩大形成近圆形深色凹陷病斑，病斑中部密生灰色至黑色隆起小点，略呈同心轮纹状排列，即病菌的分生孢子盘，潮湿时涌出粉红色黏质分生孢子团。病菌深入扩展，果肉形成黑硬结块，一个病果常发生 1~2 个病斑，多者达 10 多个。新梢受害，发生黑色小圆斑，病斑渐扩大，呈长椭圆形，褐色，凹陷，纵裂，长 10~20mm，并产生黑色小点。病部木质腐朽，易折断。叶片受害，先自叶脉、叶柄变黄，后变黑，叶片病斑呈不规则形。

【病原】*Glomerella cingulata* （Stonem.） Spauld. et Schrenk，称围小丛壳菌，属子囊菌门真菌。

柿炭疽病为害果实症状

【发生规律】病菌主要以菌丝体在枝梢病斑组织中越冬，也可在叶痕、冬芽、病果中越冬。翌年初夏，越冬病菌产生新的分生孢子，随风雨传播，侵害新梢和果实。病菌从伤口侵入其潜育期为3~6d，穿过表皮直接侵入其潜育期为6~10d。在北方柿区，枝梢在6月上旬开始发病，到雨季进入发病盛期，后期继续侵害秋梢。果实从6月下旬至7月上旬开始发病，7月中旬开始落果。多雨年份发病严重。

【防治方法】①清除侵染源发芽前剪除病枝，烧毁或掩埋。②6月上中旬和7月中下旬至8月上旬喷药保护，药剂可选用：1：5：（400~600）的波尔多液、70%甲基硫菌灵超微可湿性粉剂1 000倍液、10%苯醚甲环唑水分散粒剂（世高）1 000~1 500倍液、50%甲基硫菌灵可湿性粉剂500~1 000倍液、50%多菌灵可湿性粉剂1 000倍液、42%噻菌灵可湿性粉剂1 000倍液等。

二、柿角斑病

【症状】叶片受害，初期在正面出现黄绿色病斑，形状不规则、边缘较模糊，斑内叶脉变黑色，随病斑的扩展，颜色逐渐加深，呈浅黑色，以后中部颜色褪为浅褐色。由于病斑扩展受到叶脉的限制，形状变为多角形，其上密生黑色绒状小粒点，病斑背面开始呈淡黄色，后颜色逐渐加深，最后成为褐色或黑褐色，亦有黑色边缘，但不及正面明显，黑色小粒点也较正面稀少。柿蒂染病，由蒂的四角开始向内扩展，形状不定，病斑两面都产生黑色绒状小粒点。

【病原】*Cercospora kaki* Ellis et Everh，称柿尾孢菌，属半知菌亚门真菌。

【发生规律】角斑病菌以菌丝体在病蒂及病叶中越冬，挂在树上的病蒂是主要的初侵染来源和传播中心，一般5—8月雨日多，雨量大，降雨早有利于分生孢子的产生和侵入，发病早而重，越靠近君迁子的柿树发病越重。

柿角斑病为害叶面与叶背症状

【防治方法】①清园时清除挂在树上的病柿蒂，减少病菌来源。②加强栽培管理，增施有机肥，降低果园湿度，创造不利于病菌繁殖的条件。③发芽前喷 3~5 波美度石硫合剂，落花后 20~30d，喷 2~3 次药预防。药剂可选用 1：1：100 的波尔多液、50%甲基硫菌灵可湿性粉剂 500~1 000倍液、70%代森锌可湿性粉剂 500~600 倍液等。

柿角斑病为害叶面症状

柿角斑病为害叶片后期症状

三、柿圆斑病

【症状】叶片受害，初期产生圆形小斑点，正面浅褐色，无明显边缘，以后病斑渐变为深褐色，中心色浅，外围有黑色边缘，在病叶变红的过程中，病斑周围出现黄绿色晕环，后期在病斑背面出现黑色小粒点。发病严重时，病叶在 5~7d 内即可变红脱落，仅留柿果，接着柿果也变红、变软、脱落。柿蒂上的病斑圆形，褐色，出现时间晚于叶片，病斑一般也较小。

柿圆斑病为害叶片症状

【病原】*Mycosphaerella nawae* Hiura et Lkata，称柿叶球腔菌，属子囊菌门真菌。

【发生规律】病菌以未成熟的子囊果在病叶上越冬，此病无再侵染现象，一般来说，上一年病叶多，当年6—8月雨水多时，树势衰弱，发病较重。

【防治方法】参考柿角斑病的防治。

四、梨黑星病

【症状】叶片受害，发病初期在叶片背面产生圆形、椭圆形或不规则形黄白色病斑，病斑沿叶脉扩展，产生黑色霉状物，发病严重时整个叶背面，甚至叶正面布满黑霉，叶片枯黄，早期脱落。果实受害，初期出现淡黄色圆形或不规则形斑点，后病斑木栓化，坚硬、凹陷并龟裂。果实成长期，则在果面生大小不等的圆形黑色病疤，病斑硬化，表面粗糙，开裂，果实不畸形。成熟果实受害，果面形成淡黄绿色病斑，稍凹陷，病斑上产生稀疏的霉层。

【病原】*Venturia nashicola* Ttanaka et Yarnamoto，称纳雪黑星菌，属子囊菌亚门真菌。

【发生规律】病菌的分生孢子或菌丝体在腋芽的鳞片内，或

梨黑星病为害果实状

枝梢病部，或以未成熟的子囊壳在落叶上越冬，翌年春季一般在新梢基部最先发病，病梢是重要的侵染中心。病梢上产生的分生孢子，通过风雨传播到附近的叶、果上，病菌也有可能通过气流传播。当环境条件适宜时，孢子萌发后可直接侵入。病菌最适温度 11～20℃。以后病叶和病果上又能产生新的分生孢子，陆续造成再次侵染。由于气候条件不同，梨黑星病在各地发生的时期也不一样。地势低洼、树冠茂密、通风不良、湿度较大的梨园，以及树势衰弱的梨树，都易发生黑星病。

【防治方法】①秋末冬初清扫落叶和落果，早春梨树发芽前结合修剪清除病梢、叶片及果实，集中烧毁，减少病菌侵染源。加强果园管理，合理施肥，合理灌水增强树势，提高抗病力。②幼叶幼果期、果实加速生长、接近成熟的果实，易感染黑星病，必须在发病初期抓紧药剂防治。药剂可选用：40%氟硅唑（福星）乳油 4 000～5 000 倍液、10%苯醚甲环唑（世高）水分散颗粒剂 2 000～2 500 倍液、80%大生 M-45 可湿性粉剂 800 倍液、80%代森锰锌可湿性粉剂 800 倍液等。

五、梨轮纹病

【**症状**】 叶片受害，产生近圆形或不规则形褐色病斑，直径 0.5~1.5mm，后出现轮纹，病部变灰白色，并出现黑色小点，叶片上发生多个病斑时，病叶往往干枯脱落。果实受害，多在近成熟期和贮藏期，初以皮孔为中心形成褐色水渍状斑，渐扩大，呈暗红褐色至浅褐色，具清晰的同心轮纹，病果很快腐烂，发出酸臭味，并渗出茶色黏液。有的病果渐失水成为黑色僵果，表面布满黑色粒点。

梨轮纹病为害叶面

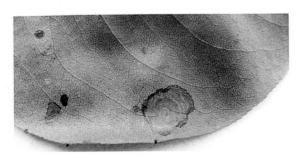

梨轮纹病为害叶背

梨轮纹病为害果实

【病原】有性阶段为 *Botryosphaeria berengerianade* Not，属子囊菌亚门真菌。无性阶段为 *Macrophoma kawatsukai* Hara，称轮纹大茎点菌，属半知菌亚门真菌。

【发生规律】病菌于枝干病斑中越冬。分生孢子翌年 2 月底在越冬的分生孢子器内形成，借雨水传播。轮纹病的发生和流行与气候条件有密切关系，温暖、多雨发病重。

【防治方法】①秋冬季清园，清除落叶、落果，剪除病梢，集中烧毁。②加强栽培管理，增强树势，提高树体抗病能力。③生长期喷药防治。药剂可选用：50%多菌灵可湿性粉剂 800 倍液、50%克菌灵可湿性粉剂 500 倍液、70%甲基硫菌灵可湿性粉剂 1 000倍液、70%代森锰锌可湿性粉剂 900～1 300倍液、30%碱式硫酸铜胶悬剂（绿得保）400～500 倍液、80%大生 M45 可湿性粉剂 600～1 000倍液或 1：1：100 波尔多液。④果实套袋，保护果实。

六、梨锈病

【症状】主要为害叶片、新梢和幼果。叶片受害，叶正面形成橙黄色圆形病斑，并密生橙黄色针头大的小点（性孢子器）；潮湿时，溢出淡黄色黏液，后期小粒点变为黑色；病斑对应的叶背面组织增厚，并长出一丛灰黄色毛状物，毛状物破裂后散出黄褐色粉末。果实、果梗、新梢、叶柄受害，初期病斑与叶片上的相似，后期在病斑的表面产生毛状物。

梨锈病为害状

梨锈病叶面症状

【病原】*Gymnosporangium haraeanum* Spd，称梨胶锈菌，属担子菌亚门真菌。病菌在整个生活史上可产生 4 种类型孢子：性孢子器（性孢子，受精丝）、锈孢子、冬孢子、担孢子。

梨锈病叶背症状

梨锈病为害幼果

【发生规律】病菌以多年生菌丝体在转主寄主桧柏枝上形成菌瘿越冬,翌年3月形成冬孢子角,遇雨萌发形成担子和担孢子,担孢子经风雨传播至梨树上,后期形成的锈孢子不再为害梨树,而随气流转至转主寄主上越夏和越冬。病害发生的轻重与转主寄生的多少、距离的远近直接有关。此外,还与梨树萌芽展叶期降水量的多少和品种的抗病性有关。

【防治方法】①清除梨园周围5km以内的桧柏、龙柏等转主寄主,是防治梨锈病最彻底有效的措施。在新建梨园时,应考虑附近有无桧柏、龙柏等转主寄主存在,如有应全部清除,若数量较多,且不能清除,则不宜作梨园。②掌握在梨树萌芽期至展叶后 25d 内，即担孢子传播侵染的盛期喷药保护。药剂可选用：20%粉锈宁乳油 1 500~2 000倍液，隔 10~15d 再喷 1 次。若防治不及时，可在发病后叶片正面出现病斑（性孢子器）时，喷 20%粉锈宁乳油 1 000倍液。

七、梨白粉病

【症状】 初在叶背面产生白色粉状霉斑，严重时布满叶片，相应的叶正面为黄色病斑。后期在霉部上产生黄褐色至黑色的小粒点（闭囊壳）。秋季，在梨树的基部叶片背面产生大小不一、数目不等的：圆形褐色病斑，常扩展到全叶，病斑上形成灰白色粉层（分生孢子梗和分生孢子）。后期在病斑上产生小粒点（为病菌的闭囊壳）。闭囊壳初期黄色，后变为褐色至黑褐色。病害严重时可造成早期落叶。

梨白粉病

【病原】 有性阶段为 *Phyllactinia pyri*（Cast.） Homma，属子囊菌亚门的真菌梨球针壳。

【发生规律】 病菌以子囊壳在病叶病枝上越冬。翌年条件适宜时，子囊壳破裂，散发出子囊孢子，随风雨传播，落到梨树叶片上进行初侵染。当年老熟的菌丝体产生分生孢子，进行再侵染。越冬子囊壳 6—7 月成熟，7 月开始发病，秋季为发病盛期。密植和树冠郁闭的梨园易发病，排水不良和偏施氮肥的梨园发病重。

【**防治方法**】①加强栽培管理，增施有机肥，避免偏施氮肥，疏除过密枝条。冬季清除园内落叶、枯枝，集中烧毁或深埋减少病源。②初发病开始喷药。药剂可选用：20%粉锈宁乳油1 500~2 000倍液、70%甲基硫菌灵可湿性粉剂1 000倍液。

八、梨灰斑病

【**症状**】灰斑病多发生于生长中后期。病斑初期近圆形、淡灰色，后发展为圆形或不规则形，银灰色，病健交界处有一微隆起的褐色线纹；后期，病斑表面可散生许多小黑点。

【**病原**】*Phyllostica pirina* Saccardo，称梨叶点霉菌，属半知菌亚门真菌。

【**发生规律**】病菌主要以菌丝体或分生孢子器在病落叶上越冬，翌年产生分生孢子，通过风雨传播为害，7—8月为发病盛期。多水年份发病重，多雨季节发病快。

梨灰斑病为害叶片

【**防治方法**】①加强栽培管理，增强树势，提高树体的抗病能力。彻底清除落叶，减少病源。②发病严重果园，在7—8月喷药防治。药剂可选用：80%大生 M-45 可湿性粉剂 800~1 000倍液、70%代森锰锌水分散粒剂 1 000~1 200倍液、50%多菌灵可湿性粉剂或胶悬剂 800~1 000倍液、25%苯菌灵乳油 1 000~1 500倍液、70%甲基硫菌灵可湿性粉剂 1 000~1 200倍液及 1：1：100 波尔多液等。

九、梨褐斑病

【症状】叶片受害，叶片上初发生圆形或近圆形的褐色病斑，以后逐渐扩大。发病严重的叶片，往往有病斑数十个，多数病斑合并，形成不规则形褐色斑。病斑后期边缘褐色，中间呈灰白色，密生黑色小点。

梨褐斑病为害叶片

【病原】有性阶段为 *Mycosphaerella sentina*（Fr.）Schrot，称梨球腔菌，属子囊菌亚门真菌。无性阶段为 *Septoria piricola* Desm.，称梨生壳针孢，属半知菌亚门真菌。

【发生规律】病菌以分生孢子器及子囊壳在落叶的病斑上越冬。翌年春季通过风雨传播分生孢子或子囊孢子，孢子沾附在新叶上，环境条件适宜时，发芽侵入叶片，引起初次侵染。在梨树生长期中，病斑上能形成分生孢子器，其中成熟的分生孢子，可通过风雨传播，再次侵害叶片，陆续引起叶片发病。在5—7月，多雨、潮湿，发病重。树势衰弱、排水不良的果园，发病也多。

【防治方法】①冬季扫除落叶，集中烧毁，或深埋土中病源。②加强梨园管理，增施有机肥，促使树势生长健壮，提高抗病力。雨后注意园内排水，降低果园湿度，以防病害发展蔓延。③早春在梨树发芽前，结合梨锈病防治喷药保护，药剂可选用：0.6%石灰倍量式波尔多液。落花后，当病害初发时，4月中下旬喷第二次药，药剂及浓度同上。在天气多雨，有利于病害盛发的年份，可于5月上中旬再喷射0.6%波尔多液1次。一般喷药2~3次，即能达到良好的防治效果。

十、梨裂果病

【症状】主要发生在果实上。染病的幼果，初期仅在向阳面变红，果肉逐渐木质化，后致果实开裂，裂口处果肉干缩变黑，湿度大或多雨时，病菌乘机从伤口侵入，引致果腐。

梨裂果病

【发病条件】属生理病害。多认为是水分供应不均匀引起的。树势衰弱或染有腐烂病、黑星病的发病重。

【防治方法】①加强梨园管理，做到水肥均衡供应，科学修剪，如疏剪或缩剪，调节坐果率。②及时防治腐烂病、黑星病、日灼病。

十一、板栗炭疽病

【症状】叶片上病斑不规则形至圆形，褐色或暗褐色，常有红褐色的细边缘，上生许多小黑点。芽被害后，病部发褐腐烂，新梢最终枯死。小枝被害，易遭风折。栗蓬受害，于基部出现褐斑。栗果受害，在种仁上发生近圆形、黑褐色或黑色的坏死斑，后果肉腐烂、干缩，外壳的尖端常变黑。

板栗炭疽病为害叶片

【病原】 有性阶段为 *Glomerella cingulata*（Stonem.）Spauld. et Schrenk，称围小丛壳，属子囊菌亚门，小壳属真菌。无性阶段为 *Colletotrichum gloeosporioides* Penz.，称盘长孢状刺盘孢，属半知菌亚门刺盘孢属真菌。

【发生规律】 以菌丝体在病芽、病枝梢组织内越冬。或在感病栗蓬上越冬。翌春条件合适时产生分生孢子，借风雨传播，为害幼芽和新梢，经皮孔或自表皮直接侵入，并于病部产生大量分生孢子，辗转为害嫩叶与栗蓬。管理粗放、缺肥、枝梢纤弱、栗瘿蜂等害虫较多的果园发病较重。

【防治方法】 ①冬季清园，剪除病枯枝，集中烧毁。②清园喷1次50%多菌灵可湿性粉剂600~800倍液。4—5月和8月上旬，各喷1次下列药剂：0.2~0.3波美度石硫合剂、0.5%石灰半量式波尔多液、65%代森锌可湿性粉剂800倍液。

十二、板栗赤斑病

【症状】 叶片受害，初期在叶缘、叶脉处形成近圆形或不规则的橘红色病斑，边缘褐色，中央散生黑色小粒。随着病斑的扩大，叶面病斑连在一起，看上去像"半叶枯"，引起叶片提前大量脱落。

板栗赤斑病为害叶片

【病原】*Phyllosticta castaneae* Ell. et Ev，称叶莲点霉菌。属半知菌亚门真菌。

【发生规律】病原菌以分生孢子在落叶病斑上越冬，为翌年初侵染的病源，翌年春季板栗叶片展开时分生孢子随风、雨、昆虫传播到新叶上，从伤口或气孔处侵入叶内扩展蔓延。6—7月出现大量落叶、落果。

【防治方法】①冬季将落叶及修剪的病枝枯叶集中烧毁，消灭越冬病源。②春季在栗树展叶期用 1∶1∶160 波尔多液进行预防。发病初期可用 70% 甲基硫菌灵可湿性粉剂 800 倍液、50% 多菌灵可湿性粉剂 600~800 倍液、40% 退菌特可湿性粉剂 1 000 倍液等。

十三、板栗锈病

【症状】该病主要为害板栗叶片和幼苗。发病初期，叶背散生淡黄绿色小点，后逐渐长出黄褐色突起（夏孢子），后期表皮破裂，散出黄粉；叶面相对应位置，现褪绿小点，边缘不规则，后变为黄色或暗褐色，无光泽。冬季孢子在叶背面着生，黄色或黄褐色，后期表皮不破裂。

板栗锈病病叶初期症状

板栗锈病病叶中期症状

【病原】 *Pucciniastrun castaneae* Diet，称栗膨痂锈菌，属担子菌亚门，膨痂锈菌属真菌。

【发生规律】 以冬孢子堆在落叶上越冬。6 月中下旬开始发病，8—9 月为发病盛期，9 月下旬出现冬孢子堆。干旱、气温高的年份以及较郁闭的栗园，发病严重。

【防治方法】 ①清除枯枝落叶，减少病源。②喷药保护，在栗树萌芽前，用 3 波美度石流合剂喷一次，发病初期，喷 0.3 波美度石流合剂或 25%粉锈宁可湿性粉剂 1 500~2000 倍液。夏季气温高，喷粉锈宁可湿性粉剂容易发生药害，可改用 20%萎锈灵乳油 800 倍液。

第十四节　葡萄病害

一、葡萄黑痘病

【症状】 果实受害，初为圆形深褐色小斑点，后扩大，中央凹陷，呈灰白色，外部仍为深褐色，而周缘紫褐色，似"鸟眼"状。多个病斑可连接成大斑，后期病斑硬化或龟裂。病果小而酸，失去食用价值。空气潮湿时，病斑上出现乳白色的黏质物，此为病菌的分生孢子团。叶片受害，开始出现针头大小的黑褐色斑点，周围有黄色晕圈，后病斑扩大呈圆形或不规则形，中央灰白色，稍凹陷，边缘紫褐色至黑褐色，直径 1~4mm。干燥时病斑自中央破裂穿孔，但病斑周缘仍保持紫褐色的晕圈。叶脉被害，病斑呈梭形、凹陷、灰色或灰褐色，边缘暗褐色，后由于组织干枯，常使叶片扭曲、皱缩。新梢、蔓、叶柄或卷须果梗和穗轴等处的症状与新梢相似。

【病原】 无性阶段为 *Sphaceloma ampelium*（de Bary），称葡萄痂圆孢菌，属半知菌亚门，痂圆孢菌属真菌。

【发生规律】 病菌主要以菌丝体潜伏于病蔓、病梢等组织越冬，也能在病果、病叶痕等部位越冬。翌年春条件适宜时产生分生孢子，借风雨传播。孢子发芽后，芽管直接侵入幼叶或嫩梢，引起初次侵染。侵入后，菌丝主要在表皮下蔓延。以后在病部形成分生孢子盘，突破表皮，在湿度大的情况下，不断产生分生孢子，进行再侵染。病菌远距离的传播则依靠带病的枝蔓。果园低洼、排水不良、枝叶郁闭、遇多雨高湿，发病严重。

【防治方法】 ①冬季修剪时，剪除病枝梢及残存的病果，刮

葡萄黑痘病嫩枝嫩叶症状

葡萄黑痘病卷须症状

葡萄黑痘病蔓上症状

除病、老树皮，彻底清除果园内的枯枝、落叶、烂果等，然后

葡萄黑痘病叶片症状

葡萄黑痘病果实症状

集中烧毁，减少病源。②种植抗病品种。③化学防治：芽鳞膨大，但尚未出现绿色组织时喷3～5波美度的石硫合剂。开花前后各喷1次1：0.7：250的波尔多液或10%世高水分散粒剂2 000～3 000倍液、52.5%抑快净水分散粒剂2 000～3 000倍液、50%苯菌灵可湿性粉剂1 500～1 600倍液、50%多菌灵可湿性粉剂 600 倍液等。

二、葡萄霜霉病

【**症状**】 叶片被害，初生淡黄色水渍状边缘不清晰的小斑点，以后逐渐扩大为褐色不规则形或多角形病斑，数斑相连变成不规则形大斑。天气潮湿时，于病斑背面产生白色霜霉状物，即病菌的孢囊梗和孢子囊。发病严重时病叶早枯落。嫩梢受害，形成水渍状斑点，后变为褐色略凹陷的病斑，潮湿时病斑也产生白色霜霉。病重时新梢扭曲，生长停止，甚至枯死。卷须、穗轴、叶柄有时也能被害，其症状与嫩梢相似。幼果被害，病部褪色，变硬下陷，上生白色霜霉，很易萎缩脱落。果粒半大时受害，病部褐色至暗色，软腐早落。果实着色后不再侵染。

【**病原**】 *Plasmopara viticola*（Berk. et Curt.） Berl. et de Toni，称葡萄霜霉菌，属鞭毛菌亚门，单轴霉属真菌。

葡萄霜霉病症状

【**发生规律**】 葡萄霜霉病菌以卵孢子在病组织中越冬，或随病叶残留于土壤中越冬。翌年在适宜条件下卵孢子萌发产生芽孢囊，再由芽孢囊产生游动孢子，借风雨传播，自叶背气孔侵入。华东地区 5 月开始发生，6—7 月和 9 月为发病盛期。广东 5月下旬开始发生，7 月为发病盛期。冷凉潮湿，多雨多露，易引

葡萄霜霉病后期症状

起病害流行。果园地势低洼、架面通风不良、树势衰弱,有利于病害发生和流行。

【防治方法】①秋季彻底清扫果园,剪除病梢,收集病叶,集中深埋或烧毁,减少菌源。②加强果园管理,及时夏剪,引缚枝蔓,改善架面通风透光条件。注意除草、排水、降低地面湿度。适当增施磷钾肥,对酸性土壤施用石灰,提高植株抗病能力。③选用无滴消雾膜做设施的外覆盖材料,并在设施内全面积覆盖地膜,降低其空气湿度和防止雾气发生,抑制孢子囊的形成、萌发和游动孢子的萌发侵染。④化学防治,芽前地面喷1次3~5波美度的石硫合剂。发芽后每10d左右喷1次杀菌保护剂,药剂可选用:1:0.7:200的波尔多液、69%代森锰锌·烯酰吗啉可湿性粉剂800倍液、72%霜脲氰·代森锰锌可湿性粉剂750倍液、58%雷多米尔锰锌可湿性粉剂600倍液、64%杀毒矾可湿性粉剂500倍液等。

三、葡萄锈病

【症状】南方葡萄产区重要病害之一。叶片被害,初期叶面出现零星单个小黄点,周围水渍状,之后叶片背面形成橘黄色夏孢子堆,逐渐扩大,沿叶脉处较多。夏孢子堆成熟后破裂,散出大量橙黄色粉末状夏孢子，布满整个叶片，致叶片干枯或早落。秋末病斑变为多角形灰黑色斑点，形成冬孢子堆，表皮一般不破裂。偶见叶柄、嫩梢或穗轴上出现夏孢子堆。

【病原】*Phakopsora ampelopsidis* Diet. et Syd.，称葡萄层锈菌，属担子菌亚门真菌，属复杂生活环锈菌。

葡萄锈病初期症状

【发生规律】病菌以冬孢子越冬。翌春初侵染后产生夏孢子，夏孢子堆裂开散出大量夏孢子，通过气流传播。叶片上有水滴及温度适宜时，夏孢子长出芽孢，通过气孔侵入叶片。菌丝在细胞间蔓延，以吸器刺入细胞吸取营养，后形成夏孢子堆。生长季节，条件适宜多次进行再侵染，至秋末又形成冬孢子堆。高湿利于夏孢子萌发，光线对萌发有抑制作用，因此夜间的高温成为此病流行必要条件。生产上有雨或夜间多露的高温季节利于锈病发生，管理粗放且植株长势差易发病重。

【防治方法】①加强葡萄园管理。入冬前施足有机肥，果实采收后仍要加强肥水管理。发病初期清除病叶，既可减少田间菌源，又有利于通风透光，降低葡萄园湿度。②化学防治。发病初期喷洒 0.2~0.3 波美度石硫合剂或 45% 晶体石硫合剂 300

葡萄锈病中期症状

葡萄锈病后期症状

倍液、20%三唑酮（粉锈宁）乳油 1 500~2 000倍液、20%三唑酮·硫悬浮剂 1 500 倍液、40%多·硫悬浮剂 400~500 倍液、25%敌力脱乳油 3 000倍液等。隔 15~20d 喷 1 次。

四、葡萄白粉病

【症状】叶片受害，叶表面产生一层灰白色粉质霉，逐渐蔓延到整个叶片，严重时病叶卷缩枯萎。新枝蔓受害，初呈灰白色小斑，后扩展蔓延使全蔓发病，病蔓由灰白色变成暗灰色，最后变为黑色。果实受害，先在果粒表面产生一层灰白色粉状霉，擦去白粉，表皮呈现褐色花纹，最后表皮细胞变为暗褐色，受害幼果容易开裂。

【病原】*Uncinula necanor*（Schw.）Burr，称葡萄钩丝壳菌，属子囊菌亚门，钩丝壳属真菌。无性阶段称托氏葡萄粉孢霉，属半知菌亚门，粉孢属真菌。

【发病规律】病菌以菌丝体在被害组织内或芽鳞间越冬。翌年条件适宜时产生分生孢子，分生孢子借气流传播，侵入寄主组织后，菌丝蔓延于表皮外，以吸器伸入寄主表皮细胞内吸取营养。分生孢子萌发的最适温度为 25～28°C，空气相对湿度较低时也能萌发。一般在 6 月中下旬开始发病，7 月中旬渐入发病盛期，9—10 月停止发病。夏季干旱和温暖而潮湿或闷热多云的天气有利于病害发生。栽植过密、枯叶过多、通风不良时利于发病。

葡萄白粉病症状

葡萄白粉病前、中、后期症状

【防治方法】①秋后剪除病梢，清扫病叶、病果及其他病残体，集中烧毁。②加强栽培管理。及时摘心绑蔓，剪除副梢及卷须，保持通风透光。雨季注意排水防涝，喷磷酸二氢钾等叶面肥和根施复合肥，增强树势，提高抗病力。③化学防治。参考葡萄锈病的化学防治。

五、葡萄褐斑病

【症状】只为害葡萄叶片，有大褐斑病和小褐斑病两种。大褐斑病初在叶面长出许多近圆形、多角形或不规则形的褐色小斑点。以后斑点逐渐扩大，直径达 3~10mm。病斑中部呈黑褐色，边缘褐色，病、健部分界明显。叶背病斑呈淡黑褐色。发病严重时，一张叶片上病斑可多达数十个，常互相愈合成不规则形的大斑，后期在病斑背面产生深褐色的霉状物，即病菌的孢梗束及分生孢子。严重时病叶干枯破裂，以至早期脱落。小褐斑病在叶片上呈现深褐色小斑，中部颜色稍浅，后期病斑背面长出一层较明显的黑色霉状物，病斑直径 2~3mm，大小比较一致。

葡萄小褐斑病症状

葡萄大褐斑病症状

【病原】 *Pseudocercospora vitis*（Lev.）Speg，属半知菌亚门真菌。

【发病规律】病菌以菌丝体和分生孢子在落叶上越冬，翌年初夏长出新的分生孢子梗，产生新的分生孢子，新、旧分生孢子通过气流和雨水传播，引起初次侵染。分生孢子发芽后从叶背气孔侵入，发病通常自植株下部叶片开始，逐渐向上蔓延。病菌侵入寄主后，经过一段时期，环境条件适宜时，产生第二批分生孢子，引起再次侵染，造成陆续发病。

【防治方法】①秋后彻底清扫果园落叶，集中烧毁或深埋，以消灭越冬菌源。②在发病初期结合防治黑痘病、炭疽病等，药剂可选用：0.5%石灰半量式波尔多液、70%代森锰锌可湿性粉剂 500~600 倍液、75%百菌清可湿性粉剂 600~700 倍液等。每隔 10~15d 喷 1 次，连续喷 2~3 次，有良好的防治效果。

六、葡萄炭疽病

葡萄炭疽病是在葡萄近成熟期引起果实腐烂的重要病害之一，在我国各葡萄产区均有分布，长江流域及黄河故道各省市普遍发生，南方高温多雨的地区发生最普遍。高温多雨的地区，早春也可引起葡萄花穗腐烂，严重时可减产 30%~40%。

【症状】主要为害果粒，造成果粒腐烂。严重时也可为害枝干、叶片。果实着色后、近成熟期显现症状，果面出现淡褐或紫色斑点，水渍状，圆形或不规则形，渐扩大，变褐色至黑褐色，腐烂凹陷。天气潮湿时，病斑表面涌出粉红色黏稠点状物，呈同心轮纹状排列。病斑可蔓延到半个至整个果粒，腐烂果粒易脱落。嫩梢、叶柄或果枝发病，形成长椭圆形病斑，深褐色。果实近成熟时，穗轴上有时产生椭圆形病斑，常使整穗果粒干缩。卷须发病后，常枯死，表面长出红色病原物。叶片受害多在叶缘部位产生近圆形或长圆形暗褐色病斑。空气潮湿时，病斑上亦可长出粉红色的分生孢子团。

【防治方法】春季幼芽萌动前喷洒 3~5 波美度石硫合剂加 0.5%五氯酚钠。

在葡萄发芽前后，可喷施 1∶0.7∶200 倍式波尔多液、80%

葡萄炭疽病为害情况

代森锰锌可湿性粉剂 300~500 倍液、波美 3 度石硫合剂+80%五氯酚钠原粉 200 倍液。

葡萄落花期，病害发生前期，可喷施下列药剂：

50%多菌灵可湿性粉剂 600~800 倍液；

80%代森锰锌可湿性粉剂 600~800 倍液；

70%丙森锌可湿性粉剂 600~800 倍液等。

6 月中旬葡萄幼果期是防治的关键时期，可用下列药剂：

2%嘧啶核苷类抗生素水剂 200 倍液；

1%中生菌素水剂 250~500 倍液；

35%丙环唑·多菌灵悬浮剂 1 400~2 000倍液；

25%咪鲜胺乳油 800~1 500倍液；

40%腈菌唑可湿性粉剂 4 000~6 000 倍液；

40%氟硅唑乳油 8 000~10 000 倍液；

40%克菌丹·戊唑醇悬浮剂 1 000~1 500 倍液；

葡萄幼果期炭疽病发生前期症状

50%醚菌酯干悬浮剂 3 000~5 000 倍液；

43%戊唑醇悬浮剂 2 000~2 500 倍液；

60%噻菌灵可湿性粉剂 1 500~2 000倍液；

5%己唑醇悬浮剂 800~1 500倍液；

6%氯苯嘧啶醇可湿性粉剂 1 000~1 500 倍液等，喷施，间隔 10~15 天，连喷 3~5 次。

七、葡萄灰霉病

灰霉病是一种严重影响葡萄生长和贮藏的重要病害。目前，在河北、山东、辽宁、四川、上海等地发生严重。春季是引起花穗腐烂的主要病害，流行时感病品种花穗被害率达 70%以上。成熟的果实也常因此病在贮藏、运输和销售期间发生腐烂。

【症状】主要为害花序、幼果和已成熟的果实，有时亦为害新梢、叶片和果梗。花序受害，似热水烫状，后变暗褐色，病部组织软腐，表面密生灰霉，被害花序萎蔫，幼果极易脱落。新梢及叶片上产生淡褐色，不规则形的病斑，亦长出鼠灰色霉

葡萄灰霉病为害幼果症状

葡萄灰霉病为害果实症状

层。花穗和刚落花后的小果穗易受侵染，发病初期受害部呈淡褐色水渍状，很快变暗褐色，整个果穗软腐，潮湿时病穗上长出一层鼠灰色的霉层。成熟果实及果梗被害，果面出现褐色凹陷病斑，很快整个果实软腐，长出鼠灰色霉层，果梗变黑色，不久在病部长出黑色块状菌核。

【防治方法】春季开花前，喷洒 1∶1∶200 等量式波尔多液、50%多菌灵可湿性粉剂 500 倍液或 70%甲基硫菌灵可湿性粉剂 600 倍液等，喷 1~2 次，有一定的预防效果。

葡萄灰霉病为害花序症状

4月上旬葡萄开花前，可喷施下列药剂进行预防：

80%代森锰锌可湿性粉剂 600~800 倍液；

50%多菌灵可湿性粉剂 800~1 000倍液；

在病害发生初期，可用下列药剂：

葡萄灰霉病为害初期症状

40%嘧霉胺悬浮剂 1 000~1 200 倍液；

50%嘧菌环胺水分散粒剂 625~1 000 倍液；

40%双胍三辛烷基苯磺酸盐可湿性粉剂 1 000~1 500倍液；

40%双胍辛胺可湿性粉剂 1 000~2 000倍液；

· 153 ·

25%咪鲜胺乳油 1 000~1 500 倍液；

60%噻菌灵可湿性粉剂 500~600 倍液；

50%异菌脲可湿性粉剂 1 000~1 500 倍液；

50%苯菌灵可湿性粉剂 1 000~1 500 倍液喷施，间隔 10~15 天，连喷 2~3 次。

第十五节　草莓病害

一、草莓灰霉病

【症状】花受害，病菌从将开放的花侵染，使花呈浅褐色坏死腐烂，产生灰色霉层。叶片受害，多从基部老黄叶边缘侵入，形成"V"形黄褐色斑，其上有不甚明显的轮纹，上生较稀疏灰霉。果实受害，多从残留的花瓣或靠近或接触地面的部位开始，也可从早期与病残组织接触的部位侵入，初呈水渍状灰褐色坏死，随后颜色变深，果实腐烂，表面产生浓密的灰色霉层。

草莓灰霉病

【病原】 *Botrytis cinerea* Pers，属半知菌亚门，灰葡萄孢真菌。

【发生规律】病菌以菌丝体、分生孢子随病残体或菌核在土壤内越冬。条件适宜时产生分生孢子，借气流传播，进行初次侵染和再次侵染。空气湿度大，有利此病的发生与发展。

【防治方法】①收获后彻底清除病残落叶。②采用高垄地膜覆盖或滴灌节水栽培。③化学防治。移栽或育苗整地前用65%甲霉灵可湿性粉剂400倍液，或用50%多霉灵可湿性粉剂600倍液，或用50%敌菌灵可湿性粉剂400倍液，对棚膜、土壤及墙壁等表面喷雾，消毒灭菌。在结果期有发病中心出现，要及时喷药防扩散，药剂可选用：50%多菌灵可湿性粉剂800倍液、75%百菌清可湿性粉剂600~800倍液、70%甲基硫菌灵可湿性粉剂800倍液等。

二、草莓软腐病

【症状】果实受害，变褐软腐，淌水，表面密生白色绵毛，上有点点黑霉，即病原菌的孢子囊。果实堆放，往往发病严重。

【病原】*Rhizopus stolonifer*（Ehrenb. ex Fr.）Vuill.，属接合菌亚门，接合菌纲中的匍枝根霉真菌。曾有研究用11种根霉接种草莓，结果都能为害，但主要是匍枝根霉。

草莓软腐病

【发生规律】病菌广泛存在于土壤内、空气中及各种残体上。自伤口侵入，匍枝根霉的孢子萌发后，并不直接侵染，而必须生长一定量后才能为害寄主。通常先在接触土壤的果实为害，潮湿情况下产生大量孢子囊，经风雨、气流扩散，进行再侵染。贮藏期间继续接触，振动传病。由于病菌的菌丝体分泌果胶酶溶解细胞间的果胶层，结果组织崩溃，细胞间隙积聚了果汁，最终造成淌水。温度较高或相对湿度低都不利于病害发生。

【防治方法】 ①果实接近成熟时避免积水。②发病初期喷药防治，药剂可选用：50%多菌灵可湿性粉剂 800 倍液、70%甲基硫菌灵可湿性粉剂 800 倍液等。

第三章　南方果树虫害

第一节　主要为害果实的害虫

一、柑橘大实蝇

【症状】柑橘大实蝇，又名柑橘大果实蝇，幼虫称为柑蛆、蝇蛆。主要为害甜橙、酸橙、红橘、温州蜜柑等。成虫产卵于柑橘幼果中，幼虫孵化后在果实内部穿食瓤瓣，导致果实出现未熟先黄、黄中带红现象被害果实严重腐烂，提前脱落，完全失去食用价值，严重影响柑橘产量和品质。

柑橘大实蝇为害引起落果

【形态特征】成虫体长 10~13mm，翅展约 21mm，全体呈淡黄褐色，复眼金绿色。老熟幼虫体长 15~19mm，乳白色圆锥形，前端尖细，后端粗壮。

【发生规律】一年发生1代，以蛹在土中越冬。成虫于4月下旬开始羽化出土，5月为盛期，产卵盛期为6月中旬至7月上旬。

柑橘大实蝇雄虫

柑橘大实蝇雌虫

【防治方法】（1）农业防治：①果实套袋。②在8月下旬至11月，随时摘除产卵痕迹明显的青果、被幼虫蛀害"着色不正常"的黄果，彻底捡拾掉落的虫果，并对这些果实进行集中处理。（2）物理生物防治：成虫羽化开始后进行诱杀，如用频振式杀虫灯、糖醋液、性引诱剂等诱杀成虫。（3）化学防治：关键要在成虫出土和幼虫入土时进行地面喷药。药剂有65%辛硫磷1 000~2 000倍液、20%灭扫利、20%灭杀菊酯或25%溴氰菊酯2 000~3 000倍液等。

被害果实内的幼虫

柑橘大实蝇蛹

二、柑橘小实蝇

【**症状**】柑橘小实蝇，又名黄苍蝇、果蛆等，主要为害柑橘、桃、李等果树。以幼虫蛀食果肉为害，导致果实腐烂、脱落，为害极其严重，防治不及时常造成绝收。

【形态特征】成虫头部黄色或黄褐色，肩胛、背侧胛完全黄色。卵乳白色，长约 1mm，宽约 0.1mm；3 龄老熟幼虫长 7~11mm；蛹椭圆形，长 4~5mm，宽 1.5~2.5mm，淡黄色。

【发生规律】一年发生 3~5 代，以蛹越冬。发生不整齐，同一时期各种虫态并存。

柑橘小实蝇幼虫

柑橘小实蝇成虫

【防治方法】（1）农业防治：及早摘除被害的果实并捡净落地的虫果，集中深埋；果实初熟前进行果实套袋；冬季清园挖蛹，减少虫源；加强预测预报，建立统一防治措施。（2）化学防治：在幼虫脱果入土盛期和成虫羽化盛期地面喷洒 50%辛硫磷 800~1 000 倍液；主要为害期树冠喷洒 90% 晶体敌百虫或 50% 马拉硫磷乳油 800~1 000 倍液。树冠喷药防治成虫。在 5—11 月成虫盛发期，用 1% 水解蛋白加 90% 晶体敌百虫 600 倍液；或用 90% 晶体敌百虫 1 000 倍液加 3% 红糖；或用 20% 灭扫利 1 000 倍加 3% 的红糖制成毒饵，喷布果园及周围杂树树冠。10 天喷 1 次，连喷 3~4 次，连续防治 2~3 年。

三、杨梅果蝇

【症状】杨梅果蝇是杨梅的主要害虫之一，在杨梅果园及其周边环境中都有发生，且分布较广泛。以雌果蝇产卵于成熟的杨梅果实乳柱上，孵化后的幼虫（蛆）蛀食为害。引起受害果实凸凹不平、霉变和落果，影响品质、产量和贮藏性，严重时绝收。杨梅果蝇繁殖力强，有时呈暴发性为害。

【形态特征】杨梅果蝇体形较小，一般体长约 2.5mm。卵长约 0.5mm，呈白色椭圆形，具有绒毛膜和卵黄膜。幼虫白色，头尖尾钝。

【发生规律】杨梅果蝇在田间世代重叠，不易划分代数，无严格越冬过程。果蝇发生盛期在 6 月中下旬（果实成熟期）和 7 月中下旬（果实采收后），6 月中下旬的发生为害会造成经济损失。清晨和黄昏为成虫的日活动高峰期。

【防治方法】（1）农业防治：①加强果园水肥管理和修剪，增强树势，确保果园通风透光。②及时清理果园，尤其是落地果、腐烂的杂物及发酵物等，以减少虫源。（2）化学防治：①药液诱杀。在杨梅落花后，用敌百虫、香蕉、蜂蜜、食醋按 10：10：6：3 的比例，配制成诱杀液，每亩投放 10 份。②药剂喷施落地果。在成熟期前（即 5 月中旬）用低毒低残留的 1.8% 阿维菌素喷洒落地果，喷后及时清理。

杨梅果实受害症状

杨梅果蝇幼虫

四、桃蛀螟

【症状】桃蛀螟，俗称蛀心虫、食心虫。主要以幼虫为害桃树、梨、石榴、枇杷等的果实。幼虫孵化后多从果蒂或果与叶、果与果相接处蛀入果心。被害果内和果外都有大量虫粪和黄褐色胶液。

【形态特征】幼虫体长 15～25mm，暗红色，头部深褐色，前胸背板褐色，各节体都有灰褐色斑。

【**发生规律**】越冬代成虫于5月上旬发生，成虫夜间产卵于果实上，两果相接处产卵较多。卵7天左右孵化成幼虫，蛀果为害。南方地区一年发生4~5代，为害果树的一般为第一、第二代幼虫。9月下旬，老熟幼虫爬到树皮缝隙或树洞等处结茧越冬。

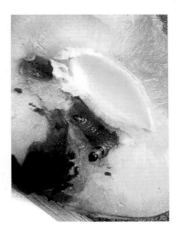

受害果实堆积大量虫粪和黄褐色胶液　　　桃蛀螟幼虫

【**防治方法**】　（1）农业防治：①冬季清园，刮除老翘皮，清除越冬茧。生长季及时摘除被害果，集中处理，秋季采果前在树干上绑草把诱集越冬幼虫集中杀灭。②合理剪枝和疏果，避免枝叶郁闭和果与果相互密接。③幼果期套袋保护。（2）物理防治：利用黑光灯、糖醋液、性诱剂诱杀成虫。（3）化学防治：在各代成虫产卵期喷洒30%乙酰甲胺磷乳剂500倍液，或用50%杀螟松乳剂1 000倍液，或用90%晶体敌百虫1 000倍液，或用20%速灭杀丁乳油或用20%杀灭菊酯乳剂3 000液，或用2.5%溴氰菊酯5 000倍液等。

李受桃蛀螟为害症状

五、桃小食心虫

【症状】桃小食心虫为害桃、梨、李、杏、枣等果树。主要以幼虫蛀果为害，导致果实畸形，果内虫道纵横，并充满大量虫粪。

【形态特征】幼虫体长 13~16mm，头黄褐色，前胸盾黄褐色至深褐色，臀板黄褐色或粉红色，其他部分桃红色。

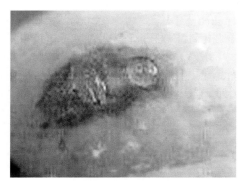

桃小食心虫幼虫　　　　　桃小食心虫蛀入口

　　【发生规律】湖南地区一般 1 年发生 3 代，以老熟幼虫在土中结茧越冬。越冬幼虫主要分布在树干周围 1 米以内。翌年 4 月开始破茧出土。第一代幼虫盛发期在 7 月下旬至 8 月上中旬，第二代幼虫盛发期在 8 月中下旬至 9 月上旬。

　　【防治方法】（1）农业防治：①越冬幼虫出土前，用宽幅地膜覆盖在树盘地面上，防止越冬代成虫飞出产卵。②绑草绳诱杀：在越冬幼虫出土前，用草绳在树干基部缠绑 2～3 圈，诱集出土幼虫入内化蛹，定期检查捕杀。③套袋：幼果期即套袋保护。④摘除虫果：每 10 天摘一次虫果，杀灭果内幼虫。（2）物理防治：果园安置黑光灯或利用性诱剂诱杀成虫。（3）化学防治：①撒毒土防治：在桃小食心虫幼虫出土高峰前，每亩用 15%乐斯本颗粒剂 2 千克与细土 25～50 千克充分混合，均匀地撒在树干下地面，整平。②在产卵盛期及幼虫孵化初期进行药剂防治，可用的药剂有 48%乐斯本乳油 1 000～1 500 倍液、50%杀螟松乳油 1 000 倍液、20%杀灭菊酯乳油 2 000～4 000 倍液、2.5%氟氯菊酯（天王星）乳油 1 500 倍液等。

六、葡萄瘿蚊

　　葡萄瘿蚊上只发生 1 代。品种之间受害程度有差异，郑州早红、巨峰、龙眼受害较重，保尔加尔、葡萄园皇后、玫瑰香次之。主要发生在吉林、辽宁、山东、陕西、山西。

　　【生活习性】成虫白天活动、飞行力不强成虫产卵较集中，产卵果穗上的果实多数都着卵，葡萄架的中部果穗落卵较多。

　　【为害症状】以幼虫在葡萄果心蛀食，并排粪其中，致使果粒不能正常生长，畸形，不能食用。

　　【防治方法】

　　（1）2.5%高效氯氟氰菊酯水乳剂（中等毒）使用 40～50 毫升/亩喷雾。使用的安全间隔期为 7 天，一季作物最多施用次数 2 次。

（2）5%甲维·高氯氟水乳剂（中等毒）使用 8~12 克/亩喷雾。使用安全间隔期为 7 天，每季作物最多可以使用 3 次。

（3）3%甲维·啶虫脒微乳剂（低毒）使用 40~50 克/亩喷雾。使用安全间隔期为 7 天，每季作物最多使用 2 次。

第二节　主要为害叶片的害虫

一、柑橘凤蝶

【症状】柑橘凤蝶主要以幼虫为害柑橘新梢、叶片，造成叶片残缺不全。严重时，被害的叶片只存叶脉，嫩枝光秃，伤口易感染溃疡病。

【形态特征】柑橘凤蝶幼虫体长 4~5cm，黄绿色，后胸背两侧有眼斑；1 龄幼虫黑色，刺毛多；2~4 龄幼虫黑褐色，有白色斜带纹，虫体似鸟粪。卵近球形，直径 1.2~1.5mm，初黄色后变深黄，孵化前紫灰至黑色。

【发生规律】湖南地区一年发生 4~5 代，以蛹在叶背或枝条上越冬，翌年 5 月上中旬羽化为成虫。白天活动，吸食花蜜补充营养后交尾产卵，卵散产于枝梢嫩叶上。卵经 3~7 天孵化为幼虫，幼虫共 5 龄。幼虫老熟后吐丝固定尾端，系住身体附着在枝条上化蛹。3—11 月，田间均可发现成虫飞翔。

【防治方法】（1）农业防治：人工捕杀幼虫和蛹。（2）生物防治：保护和引放天敌。为保护天敌可将蛹放在纱笼里置于园内，寄主蜂羽化后飞出再行寄生。（3）化学防治。可用每克300 亿孢子青虫菌粉剂 1 000~2 000 倍液、40%敌·马乳油 1 500 倍液、40%菊·杀乳油 1 000~1 500 倍液、90%晶体敌百虫 800~1 000 倍液、10%溴·马乳油 2 000 倍液、50%杀螟松或 45%马拉硫磷乳油 1 000~1 500 倍液，于幼虫期喷洒。

凤蝶幼虫

凤蝶为害的叶片　　　　　　凤蝶的卵

二、柑橘潜叶蛾

【症状】柑橘潜叶蛾，又名潜叶虫、绘图虫、鬼画符、橘潜蛾。主要以幼虫潜入嫩叶和果实的表皮下取食，蛀成弯曲的隧道，使叶片不能正常生长。为害严重时，所有新叶卷曲成筒状，破坏光合作用，导致叶片早落，树冠生长受阻，其伤口易感染病害。

【形态特征】成虫体长仅有 2mm，翅展 5mm 左右。卵扁圆

幼虫在叶片上取食，蛀成弯曲的隧道

柑橘潜叶蛾为害秋梢症状

形，长 0.3~0.4mm，白色，透明。幼虫体扁平，纺锤形，黄绿色。蛹扁平纺锤形，长 3mm 左右，初为淡黄色，后变深褐色。

【发生规律】一年发生 9~10 代，以老熟幼虫和蛹在柑橘的秋梢或冬梢上过冬。以 7—9 月夏秋梢抽发期为害最严重。

【防治方法】（1）农业防治：杜绝虫源，防止传入；结合冬季修剪，剪除被害枝叶并烧毁。（2）化学防治：成虫羽化期和低龄幼虫期是防治最佳时期，防治成虫可在傍晚进行，防治幼虫宜在晴天午后用药。可喷施10%二氯苯醚菊酯2 000~3 000倍液、2.5%溴氰菊酯2 500倍液、25%杀虫双水剂500倍液（杀虫和杀卵效果均好）、25%西维因可湿性粉剂500~1 000倍液、5%吡虫啉乳油1 500倍液。每隔7~10天喷1次，连续喷3~4次。

三、桃天蛾

【症状】桃天蛾又称枣桃六点天蛾，我国南北均有分布。主要为害桃、樱桃、李、杏、苹果、梨等果树，主要以幼虫为害叶片，可将叶片吃成孔洞或缺刻，甚至吃光，仅剩下叶柄，严重影响果树树势和果实产量。

【形态特征】老熟幼虫体长约80mm，绿色或黄褐色，体表密生黄白色颗粒；头部三角形，青绿色；第四节后每节气门上方有黄色斜条纹，尾角较长，斜向后方，生于第八腹节背面。

【发生规律】该虫在南方一般发生3代，以蛹在土壤中越冬，5~6月羽化开始为害，为害期可持续到10月。10月后老熟幼虫陆续入土化蛹越冬，入土深度在10cm以内。

【防治方法】（1）农业防治：冬季翻耕树盘挖蛹；捕捉幼虫。为害轻微时，可根据树下虫粪搜寻幼虫，捕杀。（2）物理防治：用黑光灯诱杀成虫。（3）化学防治：以幼虫期防治为佳。常用药剂：90%晶体敌百虫1 500倍液或80%敌百虫1 000倍液、20%杀灭菊酯乳油3 000倍液、10%安绿宝乳油3 000倍液。发生严重时，可在3龄幼虫之前喷洒25%天达灭幼脲3号1 500倍液、2%阿维菌素2 000倍液1~2次。

桃天蛾幼虫

桃天蛾为害桃叶

四、蓑蛾

【症状】 蓑蛾，又名袋蛾，分布遍及全国，其中以长江及其以南各省受害较重。主要为害柑橘、桃、杨梅、葡萄、柿子、枇杷、石榴、核桃等果树，是多食性的食叶害虫，主要以幼虫为害。低龄幼虫咬食叶肉，形成不规则半透明斑；高龄幼虫取食叶片形成不规则孔洞。严重时局部叶片全部被吃光，甚至引起果树死亡。

【形态特征】 幼虫用丝、枝叶碎屑和其他残屑构成长 6 ~ 15cm 的袋状外壳，并在其中化蛹。雄蛾体粗大，有翅；雌蛾蛆

大蓑蛾护囊

大蓑蛾幼虫

形，无翅，留在袋内交配和产卵。

【发生规律】一年发生 1~2 代，以老熟幼虫在护囊内越冬，翌年 4—5 月间成蛹、羽化。幼虫 6 月上旬孵化，一般 7—9 月是幼虫为害高峰期；10 月开始封闭囊口越冬。夏季高温干旱的年份为害较严重。

【防治方法】（1）农业防治：结合整形修剪，及时人工摘除虫囊，集中消灭。（2）物理生物防治：①用黑光灯或性激素诱杀雄成虫。②喷洒每克含 100 亿个孢子的青虫菌 1 000 倍液。（3）化学防治：在幼虫孵化盛期和幼龄期，喷布 5%高效氯氟菊酯乳油或 2.5%功夫乳油 2 000~3 000 倍液，90%敌百虫 1 000 倍液，50%马拉松乳剂 1 000 倍液。喷药时要充分润湿护囊，喷药时间以傍晚最好。

五、叶蝉

【症状】叶蝉为同翅目叶蝉科昆虫的通称，多为害叶片。以成虫、若虫吸汁为害，被害叶初现黄白色斑点，渐扩成片，严重时全叶苍白早落。

【形态特征】成虫体长 2~15mm，后足胫节有棱脊，棱背上有 3~4 列刺状毛，这是叶蝉最显著的识别特征。

【**发生规律**】一年发生 4~6 代，以成虫在落叶、杂草或低矮绿色植物中越冬；翌春桃、李、杏发芽后出蛰为害。6 月虫口数量增加，8—9 月最多且为害严重，秋后以末代成虫越冬。成虫、若虫喜白天活动，在叶背刺吸汁液或栖息。成虫善跳，可借风力扩散，旬均温 15~25℃适宜其生长发育，28℃以上及连阴雨天气虫口密度下降。

叶蝉为害猕猴桃叶片症状

小绿叶蝉成虫

【**防治方法**】（1）农业防治：冬季清园，消灭越冬成虫。（2）化学防治：掌握在越冬代成虫迁入后，各代若虫孵化盛期及时喷洒 20%叶蝉散（灭扑威）乳油 800 倍液、25%速灭威可湿性粉剂 600~800 倍液、20%害扑威乳油 400 倍液、50%马拉硫磷乳油 1 500~2 000倍液、20%菊马乳油 2 000倍液、2.5%敌杀死或功夫乳油 4 000~5 000倍液、50%抗蚜威超微可湿性粉剂 3 000~4 000倍液、10%吡虫啉可湿性粉剂 2 500倍液、20%扑虱灵乳油 1 000倍液，各种药剂最好轮换使用，每种连续使用次数不要超过 3 次。

六、梨木虱

【症状】梨木虱是中国梨树主要害虫之一。以成虫、若虫刺吸叶、芽、嫩枝梢汁液为害，同时分泌黏液，诱生煤污病等病害，造成早期落叶，同时污染果实，严重影响梨的产量和品质。

梨木虱幼虫

【形态特征】冬型成虫黑褐色，夏型成虫黄绿色至淡黄色；卵一端稍尖具有细柄。越冬成虫早春产卵黄色，夏季卵均为乳白色。若虫，体扁椭圆形。初孵若虫淡黄色，夏季各代若虫体色随虫体变化由乳白色变为绿色，老若虫绿色。

【发生规律】在我国南方一年发生 5~6 代，以受精雌成虫在梨园的树皮缝、落叶下、杂草丛中越冬。在梨花芽膨大期开始出蛰为害，6—7 月为害最严重，因各代重叠交错，全年均可为害。

梨木虱幼虫为害梨叶症状

【**防治方法**】（1）农业防治：彻底清园，冬季刮掉老树皮；清除园内杂草、落叶。（2）化学防治：①2月中旬越冬成虫出蛰盛期喷药，可选用1.8%爱福丁乳油2 000~3 000倍液、5%阿维虫清5 000倍液等。②在第一代若虫发生期（约谢花3/4时）用10%吡虫啉2 000倍液+灭扫利2 000倍液液喷雾。③5—9月喷施10%吡虫啉2 000倍液+1.8%阿维菌素3 000倍液+百磷3号1 300倍液+0.1%洗衣粉，防效显著。

七、葡萄十星叶甲

葡萄十星叶甲以成、幼虫食芽、叶成孔洞或缺刻，残留1层绒毛和叶脉，严重的可把叶片吃光，残留主脉。

【**形态特征**】成虫体长约12mm，椭圆形，土黄色。头小隐于前胸下；复眼黑色；触角淡黄色丝状，末端3节及第4节端部黑褐色；前胸背板及鞘翅上布有细刻点，鞘翅宽大，共有黑色圆斑10个略成3横列。足淡黄色，前足小，中、后足大。

后胸及第1~4腹节的腹板两侧各具近圆形黑点个。卵椭圆形，长约1mm，表面具不规则小突起，初草绿色，后变黄褐色。幼虫体长12~15mm，长椭圆形略扁，土黄色。

头小、胸足3对较小，除前胸及尾节外，各节背面均具两

横列黑斑，中、后胸每列各 4 个，腹部前列 4 个，后列 6 个。除尾节外，各节两侧具 3 个肉质突起，顶端黑褐色。蛹金黄色，体长 9~12mm，腹部两侧具齿状突起。

【生活史及习性】长江以北年生 1 代，江西 2 代，少数 1 代，云南 2 代，均以卵在根际附近的土中或落叶下越冬，南方有以成虫在各种缝隙中越冬者。越冬卵于 4 月中旬孵化，5 月下旬化蛹，6 月中旬羽化，8 月上旬产卵，8 月中旬孵化，9 月上旬化蛹，9 月下旬羽化，交配及产卵。以卵越冬，月成虫死亡。以成虫越冬的于 3 月下旬至 4 月上旬开始活动，并交配产卵。

【防治方法】

（1）秋末及时清除葡萄园枯枝落叶和杂草，及时烧毁或深埋，消灭越冬卵。

（2）振落捕杀成、幼虫，尤其要注意捕杀群集在下部叶片上的小幼虫。

（3）必要时，喷洒 5%氯氰菊酯乳油 3 000 倍液、2.5%功夫乳油 3 000 倍液、30%桃小灵乳油 2 500 倍液、10%天王星乳油 6 000~8 000 倍液。

第三节　主要为害枝干的害虫

一、桃红颈天牛

【症状】桃红颈天牛主要为害桃、杏、李、梅、樱桃等果树。主要以幼虫在树干蛀隧道，造成树干中空，皮层脱离，树势衰弱，以致枯死。在树干的蛀孔外及地面上常大量堆积红褐色粪屑。

【形态特征】成虫体长28～37mm，黑色、有光泽。前胸背板棕红色或黑色，背有4个瘤状突起，两侧各有一刺突。雄虫体小、触角长。卵长6～7mm，乳白色，形似大米粒。幼虫体长50mm左右。小幼虫乳白色，大幼虫黄白色。前胸背板扁平、长方形，前缘黄褐色，后缘色淡。

【发生规律】一般2～3年发生1代，以幼虫越冬。南方各省于5月下旬出现成虫。6月出现幼虫为害，幼虫期维持23个月。除短暂的越冬休眠外，幼虫期内持续蛀害。

桃红颈天牛成虫

树干蛀孔外有粪屑

【防治方法】（1）农业防治：5—7月的雨后晴天中午在主枝或主干上捕杀成虫。经常检查树干，发现有新鲜虫粪排出，用小刀在幼虫为害部位顺树干纵划2~3刀杀死幼虫。（2）化学防治：5—8月喷50%杀螟松乳油800倍液，捕杀成虫。对蛀干幼虫，用药物毒杀，将虫孔内粪便清除干净后用80%敌敌畏乳剂或50%马拉硫磷乳油等加水50倍液，用铁子裹着小棉球，蘸上药物，塞入虫孔；或用磷化铝片剂分成小粒后塞入虫孔，再用湿泥土堵封虫孔。

二、星天牛

【症状】星天牛别名柑橘星天牛。全国大部分省份均有分布，普遍发生，局部地区为害严重，影响树势生长，甚至导致全株枯死。该虫以幼虫蛀害树干基部和主根（树干下常有成堆虫粪），严重影响到树体的生长发育。成虫咬食嫩枝皮层，形成枯梢，也啃食叶片成缺刻状。

【形态特征】成虫：漆黑色，略带金属光泽，体长2~4cm。头部和腹面被银灰色和蓝灰色细毛。前胸背板中瘤明显，两侧具尖锐粗大的侧刺突。幼虫老熟时体长 4～6cm，乳白色，圆筒形。

星天牛成虫

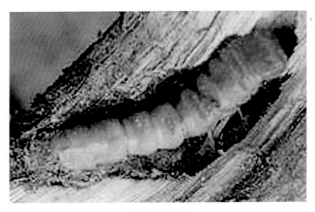

星天牛幼虫

【**发生规律**】2 年完成 1 代，以幼虫在木质部坑道内越冬。

翌年3月间开始活动，4月幼虫老熟化蛹。5月上旬开始羽化，5月末至6月初为成虫出孔高峰期。从5月下旬至7月下旬均有成虫活动。卵期9~15天，6月中旬孵化，孵化高峰在7月中、下旬。9月末绝大部分幼虫转而沿原坑道向下移动，至蛀入孔再另蛀新坑道向下部蛀害，11月开始越冬。

【防治方法】 （1）农业防治：树干涂白，拒避天牛成虫产卵。于5月上旬用涂白剂（石灰：硫黄：水=16：2：40）和少量皮胶混合后涂于树主干上。人工捕杀成虫，锤杀卵及初孵幼虫。（2）化学防治：在幼虫蛀入木质部之前，在主干受害部位用刀划若干条纵伤口，涂以50%敌敌畏柴油溶液（1：9），药量以略有药液下淌为宜。若在幼虫蛀入木质部之后，要先将排粪孔处的虫粪和蛀屑清理干净，再塞入磷化铝片、丸等，并用泥封死蛀孔及排粪孔。

第四节　主要为害嫩梢的害虫

梨小食心虫

【为害症状】 梨小食心虫在各地果园均有发生，为害梨、桃、李、杏，严重影响果品质量和产量，主要以幼虫蛀食新梢和果实。一代幼虫多为害新梢，使新梢萎蔫下垂、干枯。二、三代幼虫为害果实可直达果心，常在果实表面留有小圆孔或小黑斑。

【形态特征】 末龄幼虫体长10~13mm。头部黄褐色，其他部分淡黄白色或粉红色。蛹体长6~7mm，纺锤形，黄褐色，腹部背面有两排短刺，排列整齐。

【发生规律】 梨小食心虫一年可发生3~4代。以老熟幼虫在梨树和桃树的老翘皮下、根颈部、杈丫等处结茧越冬，翌年4月上旬开始化蛹，4月下旬羽化，为害期一般在4—9月。

【防治方法】 （1）农业防治：①冬季刮除老翘皮，集中烧

梨小食心虫幼虫

梨小食心虫幼虫为害嫩梢

毁。秋季在越冬幼虫脱果前,在树干或主枝基部绑草,诱集幼虫越冬,冬前解下烧毁。②及时清理虫果、虫梢,集中深埋。(2)物理生物防治:①黑光灯诱杀成虫;②糖醋液诱杀;③在卵发生初期，释放松毛虫赤眼蜂，每 5 天放一次，共放 5 次，每亩每次放蜂量为 2.5 万头左右。（3）化学防治：发现有幼虫蛀果时，50% 杀螟松 1 000 倍液、20% 杀灭菊酯 2 000~3 000 倍液喷雾，均有良好的防治效果。

第五节　主要为害花的害虫

柑橘花蕾蛆

【为害症状】柑橘花蕾蛆，又名橘蕾瘿蚊、花蛆等。成虫在柑橘花蕾上产卵，孵出的幼虫蛀害花蕾，导致花蕾膨大、变短，花瓣变形，不能正常发育及开花结果，最后花朵脱落。

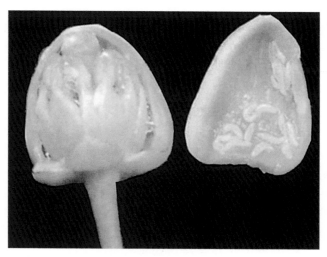

柑橘花蕾蛆为害花蕾状

【形态特征】雌成虫体长 1.5~1.8mm，暗黄褐色，周身密被黑褐色柔软细毛。头扁圆、复眼黑色。前翅膜质透明被细毛，在强光下有金属闪光。幼虫长纺锤形、橙黄色；蛹黄褐色、纺

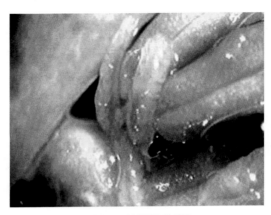

放大镜下的柑橘花蕾蛆

锤形，长约1.6mm；卵长椭圆形、无色透明，长约0.16mm。

【发生规律】在湖南一年发生1代，越冬幼虫3月中下旬化蛹。3月下旬柑橘现蕾发白时，为成虫羽化出土盛期。

【防治方法】（1）农业防治：每年的2月底至3月初对树冠附近的浅土层进行浅耕。在成虫出土前地面用地膜覆盖，阻止成虫出土羽化与上树产卵。摘除受害的花蕾，集中烧毁。（2）化学防治：成虫出土时进行地面喷药，是阻止花蕾蛆上树为害最有效的办法，喷药时间为花蕾顶端开始露白前的3~5天，可用的药剂有：20%速灭杀丁乳油3 000~5 000倍液、2.5%敌杀死乳油或20%杀灭菊酯3 000~4 000倍液、90%敌百虫或80%敌敌畏800~1 000倍液等喷洒地面，7~10天1次，连喷2次。幼虫入土前摘除受害花蕾煮沸或深埋，冬春翻耕园土杀灭部分幼虫。

主要参考文献

黄新忠.2016.南方落叶果树优质高效栽培技术［M］.厦门：厦门大学出版社.

李俊强，何锋，杨庆山.2018.果树栽培技术［M］.北京：北京工业大学出版社.

彭成绩，蔡明段，彭埃天.2017.南方果树病虫害原色图鉴［M］.北京：中国农业出版社.

张同舍，肖宁月.2017.果树生产技术［M］.北京：机械工业出版社.